静脈産業と在日企業

資源循環の過去・現在・未来

劉 庭秀
ユ ジョンス

三一書房

もくじ

プロローグ

人々は多様な消費の機会、利便性、効率性を求めて都市に集まっており、毎日の日常生活や産業活動の中で、必ずごみ（廃棄物）を排出している。一般的に「ごみ（廃棄物）」は、汚いモノ、要らないモノ、価値のないモノ、危険かつ有害なモノなどネガティブなイメージを連想させることが多い。

1957年に開設した東京の「夢の島」はごみの最終処分場として有名であるが、ドリームという名前とは裏腹に、ハエの天国と呼ばれるほど深刻な環境問題を引き起こした。その駆除に自衛隊までが動員された記録があり、当時、「夢の島」がいかに社会的に深刻な問題だったのかが読み取れる[1]。さらに日本の高度成長期には、東京23区から発生するごみの量が爆発的に増え続け、埋立地の周辺環境を悪化させるばかりでなく、運搬車両の増加による交通渋滞、悪臭やほこりの発生で周辺住民の健康や生活環境を脅かした。さらに杉並区で清掃工場の建設反対運動が激しさを増し、杉並区のごみを江東区に搬入しようとしたが、江東区民がそれを阻止する事態にまで発展した[2]。これが言わば「東京ごみ戦争」である。

高度経済成長期を経て、ごみ問題は衛生処理から資源リサイクルの新たな時代に突入し、現在は国内資源循環のみならず、国際資源循環も活発に行われている。そして最近の廃プラスチックの海洋汚染問題、中国の廃棄物資源輸入禁止からもわかるように、廃棄物の適正処理と資源循

1　東京二十三区清掃一部事務組合、https://www.union.tokyo23-seisou.lg.jp/

2　石井明男（2006）“東京ごみ戦争はなぜ起こったのか―その一考察―”、廃棄物学会誌、第17巻6号、pp.340-348.

環は、国際的な取り組みや協力が求められる地球環境問題として認識されるようになった。

あらゆるごみを廃棄物ではなく、資源や有価物として扱うことで、モノを製造する製造業を「動脈産業」、そして廃棄物の適正処理、加工、再資源化して無害化する産業を「静脈産業」と呼ぶようになった。自然界から採取した天然資源を加工して有用な財を生産する諸産業を動脈産業と称していることに対して、静脈産業はこれらの産業やすべての社会・経済活動から排出された不要物や使い捨てられた製品を集めて、それを社会や自然の物質循環過程に再投入するための産業を指す。

代表的な静脈産業は、リサイクル産業であるが、取引形態に着目しており、(1) 個別リサイクル法などによりリサイクルシステムが構築されているもの（容器包装、家電、自動車、小型家電など）、(2) 基本的に有価物として使用済み製品等が再生資源として利用されているもの（紙、衣服、金属、びん等）、(3) 逆有償で使用済み製品等が再生資源として利用されているもの（焼却灰のセメント原料化、廃プラスチックの高炉原料化等）、(4) 使用済み製品から抜き取られた部品が再生部品として利用されているもの（複写機、レンズ付きフィルム等）（2014年5月改訂）などに分類できる[3]。

筆者は、1993年8月に来日してから約30年にわたって廃棄物研究を行ってきた。1990年代前半は、ドイツやフランスが容器包装リサイクルに関する法制度を整備し始めた時期だったが、韓国では廃棄物を研究分野として扱う大学はほとんどなかった。言い換えれば、都市環境問題を解決するために最も重要な問題の一つであり、将来的に様々なポテンシャルを待っている研究分野だったと言える。しかし、筆者が日本留学を決

3　一般財団法人環境イノベーション情報機構（EICネット）、http://www.eic.or.jp/

心して推薦書作成をお願いするために大学時代の指導教員を訪ねた時には、真逆のことを言われたのである。同じ大学の大先輩で、予定していた日本の留学先で博士学位を取った、まさに憧れの存在だった指導教員は、「こんな将来性のない研究をしにわざわざ日本に行くのは絶対に許せない」、「誰も注目しない研究で成功するとは思えない」と言われ、大きい挫折を味わった覚えがある。どうして彼がそこまで反対する必要があったのかは未だに疑問であるが、結局、私は指導教員の推薦書を貰えなかった。換言すれば、当時、韓国で廃棄物問題がどのように認識されていたかが、このエピソードで容易に想像できる。

一方、1990年代半ばから日本だけではなく、韓国でも廃棄物研究のニーズが高まり、関連研究が体系的に行われるようになった。2000年代に入ってからは、廃棄物処理やリサイクルに関する研究も重要な学術分野として位置づけられたが、当時は日本でも専門家が不足するほどだった。その後、廃棄物問題は単なるごみ処理とリサイクルではなく、社会、経済、政治、地球環境問題として関心が集まり、私の研究関心とテーマは、さらに幅広く多様な分野まで広がった。

私が在日と静脈産業の関係に気がついたのは、来日して10年以上が経過した、2005年頃だった。この時期、自動車リサイクル法が施行されたことを受け、各県には大きい自動車リサイクル工場が建設された。ある日、大規模の自動車リサイクル工場が竣工されたという噂を聞いて、電話でアポイントを取って同じ大学の研究者と学生達を連れて見学に行った。綺麗なリサイクル施設で、最新の設備と重機が導入された工場だった。とても印象的な工場で、リサイクル工場は汚い、危ないというイメージを払拭させるほどしっかりとしたマネジメントをしていた。数日後、その工場の工場長から一本の電話をもらった。彼は、実は自分は在日であり、お祖父さんの代からずっと廃棄物処理とリサイクルに携わってきたというのだ。しかも、全国の大手リサイクル業者の中には、在日が非常に多いという事実も伝えてくれた。彼は、私が留学生として来日して大学教員になったこと、韓国人なのに日本の大学で廃棄物を研究する教員がいることがとても嬉しいと語った。私は、この一本の電話から日本の静脈産業と在日の関係に関心を持つようになった。多くの在日が日本の静脈産業に携わっていることに驚きもあったが、この時期からは、どうして静脈産業に在日が多いのか、静脈産業に従事しなければならない理由は何だったのか、そして、静脈産業の中でこれだけの存在感を示すことができた原動力は何だろうかなど、強い好奇心がわき出したのである。

いずれにしても、私が韓国人研究者であることは、現場中心の廃棄物研究を行う上で、プラス要因になったと思われる。工場見学やデータ収集、現場での実験、フィールドワークや大学院授業、学会開催など、在日の企業は、常に私に協力的で、私の提案を快く受け入れてくれた。思い返せば、東北大学に赴任してから行ってきた廃棄物・リサイクル研究や社会貢献活動を、力強く支えてくれたのも、日本の静脈産業であり、特に在日の企業が多い。この本は、日本の静脈産業の中で、中心的な役割を果たしている在日の企業をはじめ、私の教育・研究活動を支援してくれた日本の静脈産業への恩返しの意味を込めている。さらに近年日韓関係が悪化している中、歴史、社会、政治、経済、環境、文化などすべての分野において相互の特別な関係を、静脈産業という特殊な分野の歴史、彼らの貴重な経験と教訓から理解し、日韓両国が大切な隣人であるという認識が芽生えるきっかけになれば幸いである。

第1章

職を求めて

朝鮮半島から日本列島に渡来人と呼ばれる人々の痕跡が見つかったのはすでに3、4世紀のことであり、海を越えて交流の歴史は非常に長い。亀田（2018）によれば、西日本の多くの地域では5世紀に大きな渡来人（主に朝鮮半島）の波がやって来ることになり、各地の豪族たちは彼らの技術・情報・知識などを受け入れた。そして、各地域の発展、王権への関与が見られ、この時代における渡来人の多重性・重層性に注目すべきであるとしている[4]。

実際に、朝鮮人が日本に移住し始めたのは19世紀末である。第一期の移住は、明治初期（1897年頃）から1910年までであり、日韓国交が開始された日朝修好条規の締結から日本の韓国併合に至る期間である。第二期は韓国併合から第二次世界大戦開戦まで（1910～1939年、集団移住）の期間であり、求職のための集団移住期である。第三期は日本敗戦までの時期で、いわゆる強制連行期である。そして、第四期は日本の敗戦から「サンフランシスコ講和条約」の発効（1952年）までである。日本での朝鮮人の位置づけは、1952年4月28日の外国人登録法の公布および即日施行において新たな展開を迎えることとなる。外国人登録法の制定は「ポツダム宣言の受諾に伴い発する政令の件」の廃止とそれに伴う対日平和条約（サンフランシスコ平和条約）の発効日だった[5]。そして第五期は1952年から現在までに分けられる[6]。因みに2018年3月8日に厚生労働省と法務省の発表資料によれば、日本で就職した韓国人（技術・人文知識・国際業務ビザ発行基準）が2017年には21,088人に及び、史上初めて

4　亀田修一（2018）“古墳時代の渡来人―西日本―”、「専修大学古代東ユーラシア研究センター年報」、第4号、pp.43-59.

5　竹中理香（2015）“戦後日本における外国人政策と在日コリアンの社会運動”、「川崎医療福祉学会誌」、Vol.24、No.2、pp.129-145.

6　小林孝行（1980）“「在日朝鮮人問題」についての基礎的考察、「ソシオロジ」、24巻3号、社会学研究会、pp.37-55.

２万人を越えたと報じている[7]。毎年１％前後増加していた日本国内の韓国人就業者数は2015年から急速に増えており、毎年継続的に大幅に成長している。日本で就職したい韓国人の求職者数の規模は戦後最大であり、2015年以降を第六期と定義することもできるだろう。

表1-1　日本移住と求職の関係（時期区分）

区分	時期	求職と移住の関係
第一期	1800年代末～1910年（合併前）	中国人労働者の代替、人手不足、小規模移住
第二期	1910～1939年（集団移住期）	大規模炭鉱と工場現場などの求人、集団移住開始（求職）
第三期	1939～1945年（強制連行）	炭鉱、造船所、製錬、建設現場など、強制連行、大規模移住
第四期	1945～1952年（定住開始）	朝鮮人の帰国困難期
第五期	1952～2015年（定住期）	在日韓国・朝鮮人の本格的な定住
第六期	2015年～	韓国の就職難によって日本での就職増加、数万人単位の大規模移住？

歴史的に主な移住は韓国併合から日本の敗戦までの時期であり、第一期の移住人口は970人に過ぎない。そして、『日本帝国統計年鑑』によれば、第一期以前（1882～1896年）の在留者は二桁に止まっていた（1882年４名、1883年16名）[8]。つまり、この時期は移住が制限されており、留学生や政府官僚、貿易関係者が多かったと言える。

7　西日本新聞、「韓国就職難、若者は日本へ」、2018年12月28日付

8　文京洙・水野直樹（2015）『在日韓国人』、岩波新書、p.2から再引用

1 朝鮮人労働者の求人（第一期：1897〜1910年）

第一期が始まった1897年には155名に急増したが、これは韓国（大韓帝国）政府による慶應義塾への留学生派遣（100名以上）と高麗人参の取引と行商のための渡来した人が増えたことが原因である。そして、同年には、朝鮮人労働者が初めて日本に渡ってくることになった。これは、九州炭鉱地帯で労働者が不足していたため、佐賀県西松浦郡の長者炭鉱地帯の経営者が朝鮮人労働者を求人したことである。最初は約300名の朝鮮人労働者が炭鉱で働くことになったが、１年も経たないうちに相当数の労働者が逃亡した。朝鮮人労働者は労働力としては非常に高い評価を受けたが、賃金の未払い、過酷な労働条件（外出制限、長時間労働など）などが原因で、一時的な雇用になってしまったことも事実である[9]。

当時は、炭鉱での雇用以外にも、鉄道工事や発電所工事における労働者募集があった。1899年に着工された鹿児島線鉄道工事は、難工事の路線が多く、多数の中国人労働者が現場で働かされていたが、強制退去・送還命令が出てしまい、これらの中国人労働者を代替するために朝鮮人労働者を投入することになった。韓国併合前に、鹿児島や熊本には約500名の朝鮮人労働者が働いており、山陰本線、京都府の丹波地方、兵庫県の日本海沿いの工事、宇治川水力発電所工事、生駒トンネル工事など大規模土木工事に携わっていた。朝鮮半島の鉄道工事の下請け経験もある朝鮮人労働者は「忍耐強い」、「勤勉」という評判があったが、次第に過酷な労働環境と賃金の差別待遇など不満を持つこともものも増えてきて「乱暴」という見方に変わっていたという[10]。

9　同上（2015）、pp.3-4.

10　同上（2015）、pp.4-8.

今回のインタビュー調査会社の中にも、韓国併合の前にすでに職を求めて来日し、炭鉱や道路建設、造船所などで働き始めたという答えがあった。但し、すでに第１世代の先祖が亡くなったことが多く、２世、３世の記憶が曖昧であり、それが第一期の時代なのか、第二期、または第三期に当たるかは不確かである。とにかく、この時代に来日した朝鮮人労働者は、強制徴用という認識はなく、自ら職を求めて来日したことは明確である。しかし、過酷な労働環境と賃金未払い、生活面での厳しい制約に不満を抱き、就職して間もない時期（１～２年）に職場から逃亡してしまった人が目立つ。その後、別の会社で働いたケースもあるが、廃品収集を中心とした自営業を営み、後に大手廃棄物リサイクル企業を設立した人も出てくる。実際に、九州の炭鉱から逃亡して職を転々としながら日本各地に辿り着いて地元の鉄屑屋や古物商から大手総合リサイクル業者に成長した会社が複数存在することは興味深い。西日本の大きい炭鉱や工事現場から逃亡した韓国・朝鮮人労働者は現地に定着せず、なるべく遠いところまで移動し、新しい生活基盤を作ろうとしたことが読み取れる。

ところで、インタビュー対象になった会社の中には1920年代に創立した会社もあった。これだけ早い時期に廃品回収業者を始めたのは、第一期に渡来した朝鮮人であるに違いない。つまり、1900年代初めに求職のために来日し、その後自ら廃品回収をベースに会社を設立したことがわかる。このように、韓国併合の前に職を求めて渡来した朝鮮人については、酷い労働環境と低い賃金で苦労されたことは確かだが、当時は割と自由に廃品回収、鉄屑屋を営みながら生活できる状況だったことが推測できる。また、当時、日本国内の人手不足が、彼らが日本で生き延びる条件を充足してくれていたと考える。

2 貧困脱出（第二期：1910〜1939年）

第二期も朝鮮人が職を求めて来日したことは間違いないが、韓国併合によって社会・経済的な状況が大きく変化することになり、第一期とは求職の意味が異なる。1910年の韓国併合後は集団求人が増加し、徐々に在日朝鮮人社会が形成されるようになり、1922年以降現在に至るまで大阪は日本最大の在日居住地となった[11]。

この時期の移住は朝鮮総督府による「土地調査事業」、そしてその後には「産米増殖計画」によって朝鮮半島の農村が崩壊させられ、その過程で創出された剰余労働力の朝鮮半島外への流出だった。その移住は必ずしも日本だけではなく、中国の間島地方に向けても行われた[12]。韓国の国定高校歴史教科書には、日本は「土地調査事業」によって農民から土地を取り上げたがこれらの土地をあわせると「全国土の40%となった」と書かれている。一方、実際に朝鮮時代は土地所有権の概念そのものが曖昧であり、土地を巡る争いが絶えなかったため、朝鮮半島での土地調査を行って所有者を確定した[13]。この過程で所有権争いが多発し、結果的に土地を失った人々も出ている。さらに長年土地を借りて農業を営んでいた多くの貧しい農民達はより過酷な状況に追い込まれることによって、彼らに大きい被害が及んだことは確かである。

また、朝鮮総督府は「産米増殖計画」を、日本の食糧・米価政策の根本的解決策と植民地支配体制の危機への対応策（植民地統治維持政策）

11 藤永壮(2011)“在日縫製女工の労働と生活—大阪地域を中心に—”、『済州女性史Ⅱ』、済州発展研究院、pp.418-420.

12 前掲書 6】(1980)、pp.39-40.

13 松木國俊(2015)“日韓併合時代の実像”、「策略に！翻弄された近現代誇れる国、日本〔Ⅷ〕」、公益財団法人アパ日本再興財団、pp.84-89.

として位置づけていた。すなわち、朝鮮総督府は、この計画を通じて将来における朝鮮の食糧不足・米価高騰に対処するとともに、植民地支配のための社会的支柱としての朝鮮の地主層を経済的に日本と結びつけ、彼らを取り込むことによって植民地支配体制を維持しようとした[14]。結局、この政策も社会的弱者で、土地を所有していない大半の農民達を苦しめる結果となった。

この時期に、朝鮮人の来日がどの程度だったのかは、当時の年齢毎の人口構成を見れば、明らかである（図1-1）。1920〜1930年代の人口構成は、15〜45歳までの男性（青・壮年男子）の割合が非常に高く、当時の朝鮮人の移住者が若い男性に集中していることが容易に把握できる。いわゆる、出稼ぎ型の人口構成を成していると言える。

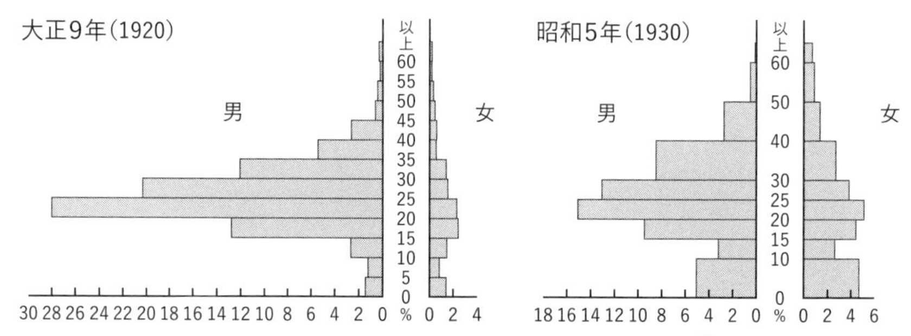

図1-1　朝鮮人年齢5歳階級別男女別人口構成[15]

結果的に、朝鮮半島内で農業を続けることが難しくなった農民達は、食いぶちを求めて自ら故郷を離れることを選択したと考える。日本の大企業（鉄鋼、製錬、造船、炭鉱、建設現場など）の社員募集のルートで来日した人もいれば、すでに日本に在住していた親戚や知り合いの元に

14　近藤郁子(2000)、『産米増殖計画期の日本と朝鮮』、立命館大学経済学部卒業論文、p.1.

15　法務省入国環境局編(1954)『出入国管理とその実態』、p.90.及び同省(1976)『出入国管理』、p.108.
前掲書6】から再引用

潜り込んだ人もおり、1910年以前は密航という不法的なルートを選択する人もいた。

今回のインタビューに応じてくれた会社の中にも、１世がこれらのルートで渡日した会社が少なくなかった。主に創立時期が1930年代の会社は第二期に来日したと思われる。特に関西や九州の鉄工所、造船所、炭鉱などにたずさわった人も多く、兵庫や神戸などに朝鮮人部落が形成されたのもこのような移住がきっかけとなった。当時は、あまりにも朝鮮人の居住者が多かったので、日本人による差別を感じなかったほどだったとも言われる。日本の敗戦後、朝鮮人のコミュニティ形成は民団（在日本大韓民国民団）や総聯（在日本朝鮮人総聯合会）設立の基盤になった。しかし、全体として日本への移住者は日本資本主義の底辺を支える産業予備軍あるいは下層労働者として、日本人労働者と比べて安い賃金で働かされたり、不況の時には真っ先に解雇されたりするなど、貧困と差別の生活を余儀なくされた[16]。

3 強制連行（第三期：1939〜1945年）

この時期は戦争体制による人力の総動員政策に基づいて朝鮮人の強制連行を行った期間であり、徴用された人々の数は約585万人（朝鮮本土内での動員が約485万人、日本に徴用されたのが約100万人）に達したという[17]。それに伴い、在日朝鮮人も毎年急増し、1944年には約200万人になった[18]。

16　前掲書６】(1980)、p.39.

17　社会実情データ図録、https://honkawa2.sakura.ne.jp/

18　金正根(1971)“在日朝鮮人の人口学的研究”、「民族衛生」、第37巻第４号、pp.131-133.

文化人類学的な視点で、この時期に連行された方々の記録が残されていることが多く、第二期の移住者に比べてより過酷な生活を強いられたことが推察できる。基本的に強制連行された人々も第二期同様、全国の炭鉱、飛行場、造船所、精錬所、採石場などに送り込まれたケースが多い。朝鮮半島の南部が「土地調査事業」の影響を受けやすかったようで、第二期は南部地域からの来日が多いという記録があるが、強制連行については全国各地で実施されたようである。例えば、『在日一世の記憶』によれば、1920年前後生まれ（当時二十歳前後）の人のインタビュー記録が多く、出身地域は、京畿道（ギョンギド）、全羅道（ジョンラド）、慶尚道（ギョンサンド）、平安道（ピョンアンド）、黄海道（ファンヘド）など全国各地である。また、連行された場所も北海道の炭鉱、佐賀県の造船所、下関の精錬所など労働環境が悪く、危険な場所で働いたことが分かる。強制連行された方々の中でも工場から逃げて敗戦まで生き延びた方もいたが、大半は逃亡することができず、作業中に亡くなっている。最後まで生き延びた方々は祖国解放後すぐに帰国したか、やむなく日本で定住することになったという[19]。いずれにしても日本に残ってしまった朝鮮人は、すでに定住していた在日の会社で働いたり、生活面・経済面で助けてもらったりしたことが多いことがわかる。そして、強制連行から脱走した方々も、一定期間は在日、または見知らぬ日本人にお世話になるものの、その後は、自立して鉄屑屋、屑屋、古書販売、古紙収集などを行うことが多く、これが戦後の在日静脈産業の根幹になった。

今回のインタビューで、先代が強制連行されたと答えた会社は３社で、いずれも九州と秋田の炭鉱に連行された経緯がある。まず、九州の炭鉱に連行された２人は、周りの労働者達が事故や健康悪化で次々と亡くなるのをみて、脱走を決心したケースである。脱走を試みた同僚が殺され

19　小熊英二・姜尚中（2008）『在日一世の記憶』、集英社新書、全781頁

たり、連れ戻されて酷い目に遭ったりすることを目撃したが、どっちみち死ぬことには変わりがないので、何の当てもなく、夜中にトイレに潜って脱走を決行したという。近くにある小川まで逃げた後、体を洗ってから、とにかく炭鉱から遠いところを目指して、山奥を歩き続けて大阪や名古屋などの大都市に辿り着いたのである。当時、大阪や名古屋にはすでに定住を始めた朝鮮人がいた。すでに食堂を営んでいたり、土建屋を営んでいたり、小さい問屋などを経営していた同胞らを頼り、目立つことなく助けてもらうことができたわけである。彼らは基本的に、強制連行から逃げられたことが分かっても、在日であろうが、日本人であろうが、警察に通報することはなかったという。何も聞かず、何日も風呂や食事を提供してくれたが、警察に見つかることを恐れて、最終的に東北地方を目指すことになる。しかし、西日本から東北地方までの距離は半端ではなく、何度も生活拠点を変えながら最終定住地を決めるしかなかった。東北地方なら人目に付くこともなく、広い土地と自然に恵まれているので、一生懸命に頑張れば、食べ物に困らず、いろんなチャンスが恵まれてくるだろうという期待を持って、リヤカー一台で古物商・廃品回収業を始めたのである。全く差別がなかったとは言えないが、当時はあまり日本人がやりたがらない仕事であるにも関わらず、勤勉かつ誠実に頑張っていた在日古物商は地域住民に信頼される存在と変わっていった。そして、この絆が全国を代表する大手リサイクル企業として成長する原動力になったと言えよう。

お祖父さんが秋田の炭鉱に連行されたと証言した方は、敗戦後、そのまま地元に定着したケースである。この方のお祖父さんは、恐らく、強制連行された朝鮮人を管理する立場であったと思われる。管理職に就けば、徴用工の味方になることは難しいが、『在日一世の記憶』には造船所の班長が彼らに脱走を勧めたり、手助けをしたりしたという証言もあり[20]、面倒見がよく、母国の人々を助けてくれた人も多かった。この方は、日本敗戦後も地元に残って、戦前からあった日本人との人脈を利用して、古物商以外に運送業、自動車整備業、高級輸入車販売業など、地域に根付いた企業を立ち上げて成長した。現在は地元を代表するリサイクル業者として知られている。

4 在日静脈産業の胎動

1890年代から1938年までの時期は、職を求めて来日した朝鮮人の存在があり、1939年～敗戦までの強制連行による移住者と区別する必要がある。一般的に、戦後、帰国しなかった朝鮮人が廃品収集に携わることになり、その後、大手静脈産業として成長したという話も多いが、強制連行以前に、廃品回収業として創立した企業もあり、特に地元に根付いた総合リサイクル企業として成長している。地元の大手企業で日本人と一緒に働き、退職後は、社会から敬遠される廃棄物回収と処理業に関わっていたが、忍耐力と勤勉さを武器に、地域密着型産業として、地元の人々に愛される存在になっていたと思われる。つまり、強制連行期以前に、職を求めて来日した朝鮮人が、敗戦前に創立した静脈企業は、敗戦後に設立し、成長した会社とは異なる生い立ちであると言える。

4.1 在日静脈産業の調査概要

それでは、今回の調査対象になった在日静脈企業の概要と特徴について紹介しておこう。本書の執筆のために、全国の大手廃棄物・リサイク

20　前掲書19】(2008)、pp.360-376.

ル業者をリストアップし、地域的なバランスを考慮しながら、在日廃棄物リサイクル会社を16社に絞った。この16社に対して、それぞれの連絡先を確認し、メールや電話でコンタクトを取ったが、3社からは全く返信がなく、2社は在日であることを公にしたくないということで取材拒否（会社名を特定しないことを約束したが、取材困難という返事)、そして1社は確実に在日であることを確認した上で（出版助成財団事務局の紹介)、面会したが、在日であることを否定された。残りの10社については、お話を聞くことができたが、そのうち積極的に取材に応じてくれた会社は8社である。因みに、取材に応じた会社の出身地は、ほとんどが慶尚北道（ギョンサンプクド）と慶尚南道（ギョンサンナムド）であり、1社のみ忠清南道（チュンチョンナムド）だった。日韓の歴史からみても、日本は朝鮮半島の南部との交流が活発だったし、朝鮮総督府による「土地調査事業」、「産米増殖計画」により農村の社会的経済的秩序が崩壊し、零細農民が土地から切り離されたため、農村、とりわけ朝鮮半島の南部においては多数の無産貧民が生じた[21]。日本との距離が影響しているかも知れないが、同じ南部でも全羅道ではなく、慶尚道に偏っていることは興味深い。

4.1.1　会社の創立時期

前述したように、会社の創立年度から日本への移住時期を推測することができる。調査対象の3割は戦前に創立しており、強制連行ではなく第一期と第二期に職を求めて来日したことがわかる。図1-2のように敗戦後、特に1960年前に創立した企業が5割、残り2割は1960年以降に創立した。つまり日本の高度成長期とともに成長したことがわかる。

21　金正柱(1970)『朝鮮統治史料』、韓国史料研究所、金正根(1971)“在日朝鮮人の人口学的研究”、「民族衛生」、日本民族衛生学会、pp.133-134.から再引用

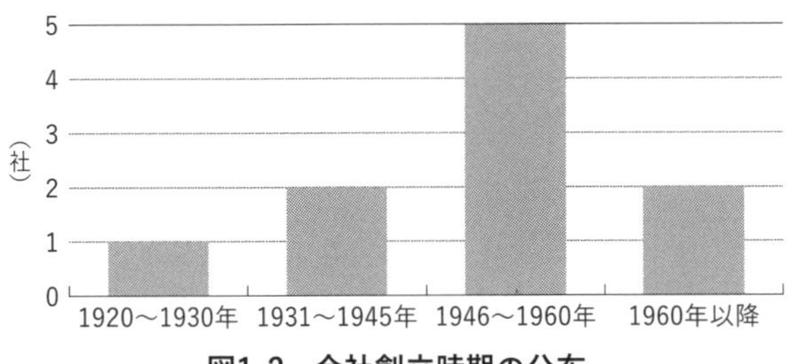

図1-2　会社創立時期の分布

4.1.2　地域分布

在日の廃棄物・リサイクル企業は全国的に分布しており、今回の調査対象は、図1-3のように地域的な条件を考慮した。しかし、中部地域の企業は、すべてインタビューに応じてくれなかったため、それ以外の地域の企業が調査対象となった。最も積極的にインタビューに応じた地域は、東北、九州、関西、四国であり、関東の企業のインタビューは制限的であった。概観すると静脈産業の経営において、在日であることを堂々と明かしている企業と隠そうとしている企業には地域的な特徴があるように見える。

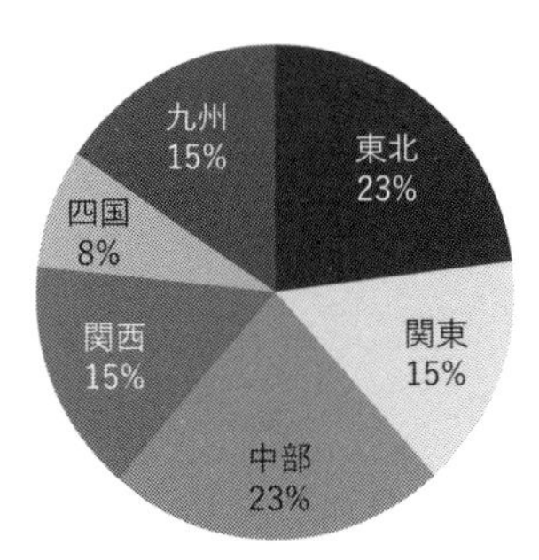

図1-3　在日廃棄物・リサイクル企業の地域分布（調査対象、2018～2019年）

4.1.3　会社の規模

今回の調査対象を会社規模で分類してみると、従業員数200人以下が約75％、資本金5,000万円以下が約70％を占めた。そして、年商も約70％が200億円以下だった（図1-4）。すなわち、大手廃棄物・リサイクル企業の大半は中小企業の範疇[22]に入っていることがわかる。

もちろん調査対象の中には大手上場企業も入っているが、この結果からみれば、日本の静脈産業の市場規模自体が、世界的な廃棄物・リサイクル企業に比べるとまだ小さいと言える。例えば、フランスのヴェオリアグループは、全世界の約17万人の従業員が水・廃棄物・エネルギー管理の３事業分野で働いている。これらのビジネスから約4,900万トンの廃棄物リサイクル（資源化）とエネルギー回収を行っており、2018年のグループ連結売り上げは、259億ユーロ（約３兆135億円、2019年12月基準）に達する[23]。言い換えれば、日本の静脈産業における在日の存在感は非常に大きいが、静脈産業の世界的なマーケットと成長可能性を考慮すれば、国内外において更なる潜在力を秘めている業界であるとも言える。

第２章では、敗戦後、調査企業の事例を交えながら、在日が日本の静脈産業にどのように係わってきたかを概観する。

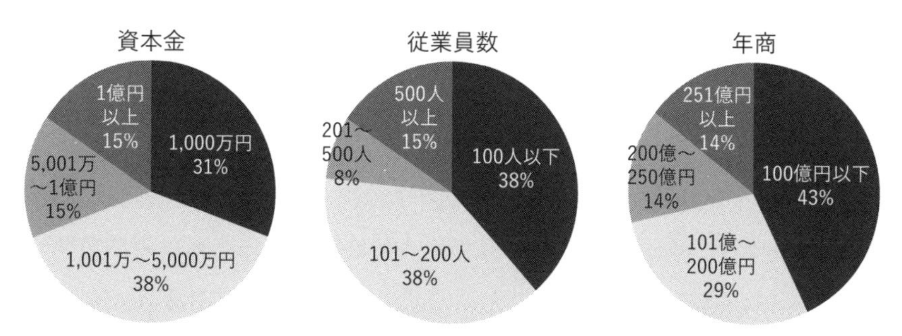

図1-4　在日廃棄物・リサイクル企業の規模（調査対象）

22　【中小企業者の定義（業種：従業員規模：資本金規模）】製造業・建設業・運輸業・その他の業種：300人以下又は３億円以下

23　ヴェオリアジャパンホームページ、ヴェオリアグループの概要、https://www.veolia.jp/ja/about-us/veolia-group

補記 不思議な縁

私が東北大学に赴任してから指導した韓国人学生の一人だった趙承勲（チョスンフン）氏は、祖父が徴用工として渡日し、19歳で高知県大月町柏島の軍用道路の建設工事中に亡くなった。彼は、祖父が日本の四国で亡くなったという情報しかなく、実際に祖父のお墓がどこにあるかも知らなかったが、わずかな情報を頼りに、彼が大学院在学中に祖父のお墓を見つけたのである。彼の祖父は、厳しい労働環境の中でも地元の住民と親密に交流を行い、事故で亡くなってからも祖父のお墓は現地の住民達の手で60年間に渡って大事に守られていたのである。お墓が造られた経緯はよく分かっていないが、1995年には行政と住民が協力して寄付を募り、史実を後世に残す慰霊碑を墓の近くに建てた。当時の新聞には、住民達は「日本人も朝鮮人も戦争の犠牲者であり、日本人もたくさんの事故で傷ついた。朝鮮の方の死を他人事とは思えない」と声を詰まらせ、趙氏は「日韓の過去の歴史からお互い何を学び取るかが大事。国家間では対立があるけれども、住民レベルでは交流が広がっていることを実感した。私もその懸け橋の一つになりたい」と語ったことが残されている[24]。

この事例からも、民間レベルの日韓交流に関しては、国家、歴史認識、宗教、社会、文化などの違いは何の問題にもならず、時代を超えてお互いに尊重し合っていることがよくわかる。本書では、このようなスタンスで、日本の静脈産業における在日企業の生い立ち、成長と発展過程、世代間の特徴、地元企業としての意義、グローバル化と地球環境問題への対応などを考察する。前述したように、私の研究が在日と深い関係があることと、私が指導していた韓国人留学生の美談には、何か不思議な縁を感じざるを得ない。

---

24 “強制労働で犠牲の朝鮮人60年ぶりに親族が墓参：住民、大切に守り続ける（高知・大月町）”、「しんぶん赤旗」、2005年３月23日付、その他、高知放送・仙台放送などのテレビ放送にも放映

第2章

生きるために

1945年では210万人と推定された「在日朝鮮人」の約75％にあたる約150万人が祖国に帰国したという[25]。大半の在日１世は日本を去ったわけであるが、在日２世以降の世代と戦後に生まれた世代の人口が増加することによって、日本での定住人口が増え続けることになる。表2-1のように、戦後直後は、まだ在日１世の人口が２世の人口を上回っていたが、1959年以降は徐々に在日２世の人口が増加し、1974年になると在日朝鮮・韓国人の2/3以上が在日２世と３世になっている。在日２世と３世は、母国語を使えない人が増え、母国を思う感情も薄れてしまったため、日本での定住以外の選択肢はなかったのである。敗戦後から1960年頃まで15年間、２倍以上に増加した在日２世、３世の人々が生きるために、戦前とは別の意味の職を求めてどのように生きてきたのだろうか。

表2-1　在日韓国・朝鮮人の定住化[26]

区　分	日本生	朝鮮半島出身	その他	計（人）
1945年	134,423	147,516	923	282,862
1959年	390,098	215,160	2,275	607,533
1964年	395,907	180,842	1,823	578,572
1969年	437,216	165,228	1,268	603,712
1974年	483,185	154,054	1,567	638,806

1　スクラップ屋・鉄屑屋

戦後の大阪でスクラップ屋と言えば、戦後、大阪砲兵工廠跡地で鉄屑を回収し生計を立てた〈アパッチ族〉の生き様を描いた作品である『日本

25　今野敏彦（1968）『世界のマイノリティ：虐げられた人々の群れ』、評論社、p.222.

26　前掲書６】（1980）、p.42.

三文オペラ』が有名である。この小説の中には在日集落の生活や人間関係、そして金属スクラップの見分け方、上手な売り方などが具体的に描写されている[27]。この小説で「スクラップ回収業」という言葉を使っていたので、鉄屑、アルミ、銅、真鍮などの金属屑を扱う仕事を「スクラップ屋」と称する人も多いが、実際は鉄屑屋という言葉が当時のこの生業を端的に表している[28]。

戦後、女性や子ども達は、その日一日のおかず代を得るため、道に落ちている釘や小さい金属破片などの金属屑を集めており、これが一般的な光景だった[29]。とても大変な時期ではあったが、一生懸命、道に落ちていた金属屑を集めて売れば、何とかご飯が食べられたとしても、これだけでは仕事にはならなかったという意味である。

所謂「鉄屑屋」に関する仕事が本格的に動き出したのは、「朝鮮戦争」が始まった頃であり、主な作業は鉄や金属類を扱う工場を一軒一軒回りながら､削り屑や廃棄物を集めることである。金達寿（1980）の「塵芥」という小説には、船渠から塵芥として排出される金属くずを回収し、問屋に売って生活する在日の姿が描かれている[30]。しかし、知らない人に鉄くずを売ってくれるはずがないから、どれだけ早く、多くの得意先を見つけるかが鍵となる。当然ながら近場には競争相手が多く、さらに遠いところまで営業範囲を広げるためには、リヤカーや馬車があった方が良いし、小さいトラックが１台あれば、営業能力が抜群に良くなるのである。在日が始めた廃品回収、鉄屑屋、スクラップ屋、古物商も同じ状

27　開高健（1971）『日本三文オペラ』、新潮社

28　上地美和（2014）“鉄くず・鉄くず屋をめぐるフィールド調査から”、「日本学報」、Vol.33、大阪大学大学院文学研究科、pp.53-55.

29　同上（2014）、p.58.

30　金達寿『金達寿小説全集一』、筑摩書房、前掲書27】（1980）から再引用

況であり、人力に頼るリヤカーに500キログラム、馬車には1トンの鉄くずを積んだこともあるし、一人でも200〜300キログラムの鉄くずはリヤカーで運んだという。トラックだとその倍以上を運べるので、輸送効率が画期的に上がる。当時、トラックが購入できたというあるスクラップ業者は、青森や岩手県から関東まで鉄くずや廃車ガラなどを集めていたと言うから、その情熱と仕事熱心さに感服せざるを得ない。

機動力があれば、営業範囲が広がるので、鉄屑が出てくるという噂があれば、すぐに取りに行けるし、場合によっては、現在の運送業のような仕事を受け持つことができたので、各地域の地理的、経済的な状況が読めるようになり、スクラップが発生する時期や場所、仕事の内容をよく把握することができたという。そして、ある程度、取引先が増えれば、どれだけ定期的、かつ持続的に鉄屑を分けてもらえるかが予測でき、これらの情報が会社成長のカギとなった。例えば、取引先が廃棄するスクラップの種類と排出量を把握し、それに見合った回収ボックス（恐らくドラム缶）を設置して、定期的に収集できれば、鉄屑屋としては、安定的なビジネスを営んでいる証であった。

ここまで成長したら、回収したスクラップを保管するヤードが要るため、自然に事業規模も大きくなる。ヤードを持って一定量以上の鉄くずを扱うことになれば、品物を選別する場所も必要になる。実際、鉄屑と言っても、鉄以外に銅、アルミ、真鍮、砲金[31]などの非鉄金属も回収することになる。これらを鉄屑として売れば、損することになるが、丁寧に選別すればするほど収益があがり、売り先の問屋や製鉄所からの信用が厚くなる。現在のリサイクル業界でも、選別は最も重要な課題の一つであるが、当時も選別作業の良し悪しが鉄屑屋や古物商から企業化するための重要な判断基準になったのではないかと考える。

31　銅と錫（すず）、あるいは銅と錫・亜鉛との合金、『デジタル大辞泉』より

一方、このようなプロセスで集められたスクラップは、鉄と非鉄に選別して問屋や製鉄所に売って収益を得るわけであるが、どちらかと言えば、問屋や製鉄所が優位な立場であるため、金属屑の価値が分からなければ、問屋の言い値が売り上げになってしまう。そのため少しでも高値で販売するために目利きができなければならない。今も在日２世が現役で会社経営に携わっている場合、社長の目利きは仕入れや販売に重要な役割を果たしている。一般的に山積みされているスクラップの奥は何も見えないし、素人だとスクラップの量と質が判断できないが、どうして年寄りの社長さんには一発でその価値が分かってしまうのだろうか。社長さんの長年の現場経験とビジネス感覚は、同業者の商売心理、営業地域のスクラップ発生動向、国際的な資源相場の動き、つまり国内情勢や景気変動まで正確に読み取れるのだから、仮に鉄スクラップや金属屑、廃線、廃家電、廃プラなどが複雑に絡んだ状態で山積みされていても、誤差範囲の価値判断ができるのである。近い将来にこの仕事を人工知能やロボットが完全に代替できるかは疑問である。

ところで、仕事としての鉄屑屋、廃品収集、スクラップ屋、古物商はどのようなイメージであろうか。一般的にもこの業種のイメージは、油まみれの汚い作業着、土壌汚染や大気汚染、悪臭など、世間から優しい目で見られなかった。実際、鉄屑屋は社会学の研究分野においても、マイノリティの「下層社会」の雑業として位置づけられており、沖縄人や在日に多いという特徴がある[32]。当然、子ども達はお父さんがこのような仕事をしていると恥ずかしい思いをしたり、隠したくなったり、差別を受けることもあったという。しかし、当時の在日は、まともな就職先を見つけることも、金融機関から事業資金の融資を受けることもできず、

32　前掲書28】(2014)、pp.66-67.

在日1世や2世は生きるために、そして家族を養う手段としてひたすらこの仕事に励んだ。特に創業者の在日1世は生業として必死に働いた結果、体を酷使しただけではなく、交通事故にあったケースも希ではなかったので、全体的に短命だった。図2-1はこのような状況を明確に説明しているかも知れない。1960年代に、在日は30代から50代の死亡率が非常に高く、日本人だけではなく、韓国人よりも遙かに死亡率が高いことが分かる。特に45～49歳は、日本人と韓国人の2倍以上の死亡率（12.28%）を示しており、50～54歳も日本人の平均死亡率を2倍以上（18.51%）上回っている。

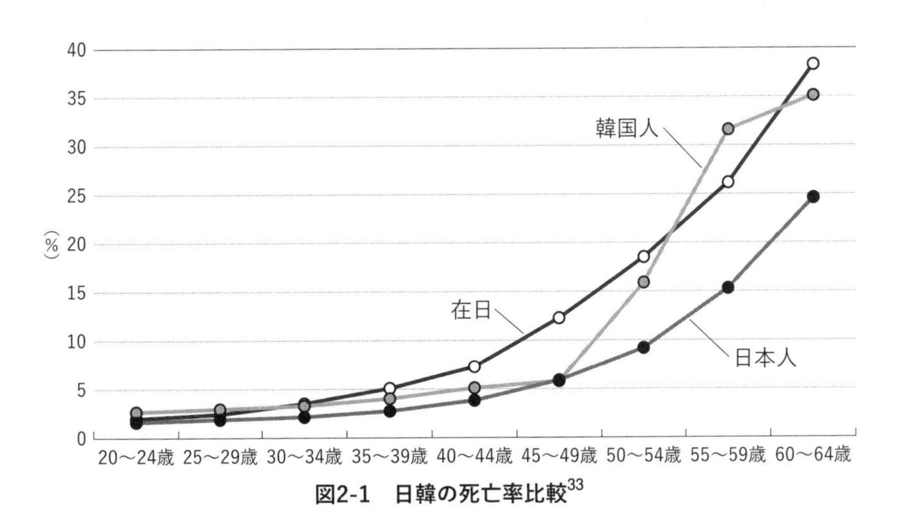

図2-1　日韓の死亡率比較[33]

鉄屑、スクラップ、廃棄物の差別的、かつネガティブなイメージは、日韓を問わず社会全般で長く引きずっていたのではないだろうか。しかし、ネガティブなイメージとは異なって、鉄屑屋は、国の基幹産業である製鉄産業に原料を提供する重要な仕事であり、資源循環の観点からも

33　金正根（1971）“在日朝鮮人の人口学的研究”、「民族衛生」、日本民族衛生学会、p.143.

経済、環境面でも多大な貢献をしてきた。残念ながら、このようにポジティブなイメージができるまでには、意外に長い歳月が必要だったかも知れない。次節では、鉄屑屋が企業として成長していく過程を眺めてみたい。

2 企業としての成長

在日1世の場合、当時の日本社会では未成熟な産業もしくはステータスの低い、あるいは「賤業」と呼ばれる産業に従事しなければならなかった[34]。本来は、「士族（両班）」出身であることを誇りに思っていた在日1世が多い中、「賤業（商工）」の道を選ばざるを得なかったことは儒教的な価値観を持っていた彼らには相当辛い思いだったかもしれない。邊(ピョン)（2017）によれば、士族は士に相応しい読書をし、士族に相応しくない「賤業」には手を出さず、仮に「賤業」に従事すれば、朝鮮社会では「士族（両班）」としては見なされず、「士族（両班）」はたとえ飢えても「賤業」に携わることはないとしている[35]。

2.1 在日鉄屑屋

戦後、在日の経済活動を、多様な事例にもとづいて紹介した文献としては『在日コリアンの経済活動—移住労働者、企業化の過去・現在・未来—』がある[36]。この本には、在日1世の古物商経営の考察、京都の西

34 河明生(1998)“日本におけるマイノリティの「起業家精神」—在日1世韓人と在日二・三世韓人との比較—”、「経営史学」、第33巻第2号、経営史学会、p.58.

35 邊英浩(2017)“韓国の儒教的ソンビ”、「都留文科大学研究紀要」、第86集、都留文科大学、pp.125-126.

36 李洙任 編著(2012)『在日コリアンの経済活動—移住労働者、企業化の過去・現在・未来—』、不二出版

陳織製造に従事した朝鮮人の生活史や意識、公務員就労からの排除問題、MKタクシーの例を挙げながら在日コリアン企業化のチャレンジ精神や日本の行政指導に屈しない態度、そして故郷への貢献に対する強い思いが描かれている[37]。

特に在日が集中していた京阪神において在日が所有·経営する企業は、いくつかの特定産業に集中している。これは、在日が戦後労働者として携わっていた土建屋、ゴム・皮革製品製造（主にシューズ産業)、繊維産業、金属加工業（主に鉄屑屋を指す）などで、後に在日が本格的に参入したパチンコ産業、金融業、不動産業、飲食などに比べても多かった[38]。1941年９月に「金属回収令」が交付されたが、この法は従来の鉄屑配給統制が発生した工場と消費工場との鉄屑流通・販売だけに係わったことに対して、一般家庭や工場、施設など金属所有者を直接名指しして売り渡しを命じた。よって、戦時中の金属類回収は月間鉄屑扱い100トン以上の「指定商」を中心に行われたため、当然ながら在日が運営する鉄屑屋は中核組織に入ることができなかった[39]。

在日の創立企業数が最も多い時期は1960～1970年代であり、1964年の東京オリンピックや1970年の大阪万博による特需の影響で1966～1970年までの創業企業総数は880社に達した。特に大規模建設工事や都市開発の恩恵を受けて、在日系の建設業者の登場も目立つようになった。逆に1971年からは建設業、製造業、鉄屑屋の創業は減少し始め、飲食店、不動産業などのサービス産業への移行が始まったと言える。

37　外村大(2014)“書評”、「社会経済史学」、Vol.80 No.1、社会経済史学会、pp.104-105.

38　韓載香(2005)“在日韓国・朝鮮人ビジネスの歴史的動態”、「経済史学」、第40巻第３号、経済史学会年次大会報告、pp.57-58.

39　富高幸雄(2013)、『日本鉄スクラップ史集成』、日刊市況通信社、p.94.及びpp.602-603.

在日の業種変更の動向は、表2-2からも読み取れる。戦前に創業した企業数は少なく、1950年の朝鮮戦争特需により1953年頃にはすでに戦前の最高水準を超えており、1956年の『経済白書』は「国際収支の大幅改善、物価安定、あるいはオーバー・ローンの是正の三者を同時に達成しながらの経済の拡大は、戦後初めての経験である」と説明している[40]。この時期から製造業と鉄屑屋の創業が増え始め（特に鉄屑）、1970年まで高い水準（10%前後）を維持した（表2-2）。1970年以降は飲食店の創業が増えており、娯楽業は1950年代から一定の割合（５%前後）を維持している。

表2-2　在日創業業種の時代変化[41]

創業時期	建設業	製造業	鉄くず	飲食店	不動産業	娯楽業	起業総数
～1944年	1.8	2.9	2.8	0.5	0.4	0.3	120
1945～50年	3.7	8.1	10.3	1.3	0.9	2.9	340
1951～55年	5.4	7.9	9.0	1.2	3.9	5.2	467
1956～60年	6.9	11.3	10.6	4.1	2.7	5.0	587
1961～65年	10.5	12.1	10.1	7.2	6.8	6.2	739
1966～70年	14.3	12.1	11.0	11.3	7.8	6.0	880
1971～75年	7.6	7.1	5.9	11.4	6.7	7.0	714
1976～80年	6.6	5.7	7.7	14.6	8.4	5.2	712
1981～85年	5.1	5.1	4.0	10.3	6.6	7.2	646
1986～90年	5.7	3.4	2.4	10.7	7.2	4.7	604
1991～97年	2.2	2.0	1.3	5.4	2.8	2.4	349

40　経済企画庁（1956）『昭和31年度経済白書』、https://www5.cao.go.jp/keizai3/keizaiwp/wp-je56/wp-je56-0000m1.html

41　在日韓国人商工会議所（1997）『在日韓国人会社名鑑』、韓載香（2007）“「在日企業」と民族系金融機関―パチンコホールを事例に―”、「イノベーション マネジメント」、No.5、法政大学イノベーション マネジメント研究センター、pp.100-102.から再引用

実際に在日の創業が多かった1960年代前後の就業形態の推移をみると、1959年４月時点で13,434名（全体の2.2％、職業別順位５位）、1964年４月時点で9,909名（全体の1.7％、職業別順位４位）、1969年９月時点で7,802名（全体の1.3％、職業別順位７位）が携わっていた（図2-2）。法務省調査によれば1959年の在日韓国・朝鮮人の有職者数は約149,000人だったので、有職者の約10％、つまり10人の１人は鉄屑屋だったことがわかる[42]。今回の調査対象になった企業も半分以上が1960年前に創立しており、特に戦後から1960年までに集中していることも同じ理由であろう。

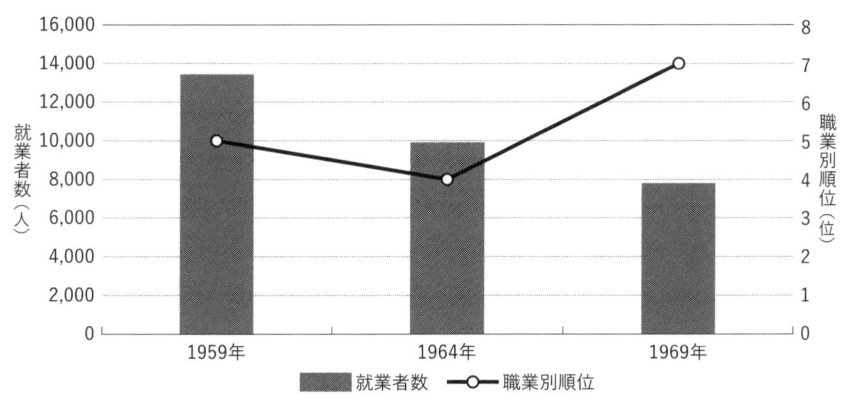

図2-2　在日韓国・朝鮮人の静脈産業就業状況（1960年代）[43]

2.2　地元企業として

前述したように、在日の鉄屑屋が誕生したのは1910年代からであり、戦後は朝鮮戦争、東京オリンピック、大阪万博特需の影響で創立企業数

42　呉圭祥（1992）『在日朝鮮人企業活動形成史』、雄山閣出版、p.119.

43　前掲書36】

が急速に増えた。特に戦後生きるために始めた鉄屑屋の経験は、創業を後押しする大きい力になったことに違いない。今回の調査対象だった大手廃棄物リサイクル企業の半分以上が1960年までに創業していることもこの事実を説明している。つまり、朝鮮戦争特需で金属スクラップの需要が急増した頃、ビジネス面で様々な障壁があったことも事実であるが、彼らの目利きと多様な取引先、選別や物流ノウハウと経験は競争他社（後発企業）が真似できない大きいアドバンテージがあったはずである。

戦前に創業した企業の場合、職を求めて来日した経緯があり、すでに日本に在住していた親戚に助けてもらったり、就職していた企業の同僚や近所の住民の支援があったり、規模は小さくても早い段階に商売を軌道に乗せたという。当然、鉄屑屋として様々な苦労をしながら、得意先を増やしながらヤードを構え、トラックや簡単な加工設備を増やしていったところが多い。この時期に創立した企業は、今も同じビジネススタイルを維持していることが多いので地元の自治体や企業の信頼が厚く、地域密着型廃棄物リサイクル業者として知られている。

2.2.1　一度の失敗

A社の場合、1930年代から廃品収集業を始めて、地元の大手企業のスクラップを収集、加工、販売することで成長した。その後、朝鮮戦争特需、高度経済成長によるスクラップ発生増加とともに取り扱う品目が増え、積極的な設備投資が行われた。このような成長は、地元の大手企業、地域住民からどのようなスクラップでも受け入れ、綺麗に、かつ正確に処理・加工した実績と信頼が根幹にある。しかし、いくら高い信頼と信用があっても、日本社会は非常に冷酷で一度の失敗が命がけになることもある。

ところで地元で着実に成長を成し遂げていたこの会社は、一瞬魔が差したのか、廃棄物の再資源化過程で発生するダスト（残渣）の処理委託で痛恨のミスをしてしまう。認可を受けていない廃棄物処理業者にダスト処理を委託した結果、あっという間に不法投棄廃棄物の排出業者と見なされ、最も健全で信用のあった〈地元優良業者〉というステイタスから〈不法廃棄物処理業者〉というレッテルが貼られた業者へと転落したわけである。当然ながら加害者として告訴され、長い裁判の審議を経て不法投棄現場の原状復旧の責任を取って膨大な費用を投じることになった。この事件は、長い歴史と信頼を誇りに思っていた当事者、また祖国の著名家系の子孫であることに高いプライドを持っていた経営者としては、あまりにも大きいショックだったと思われる。また、自分が在日であることで、悪い噂が広がり、非難が殺到するのではないか、この事業を立て直すのはもう無理ではないかという不安が大きかったと推察される。しかし、この会社の評判が悪くなることはなく、実際の裁判では、廃棄物関連協会や大手企業の役員が自ら証人台に立って、この会社が被害者でもあることや今まで誠実な取引をしていたことを証言したのである。また、廃棄物処理に困っていた自治体は当該会社の再起を後押しするとともに、地元の様々な方々の協力と支援を得た結果、現在も地域密着型の大手廃棄物リサイクル業者として地元に愛されている。この会社は、そろそろ創業100周年を迎えることになる。日本人、韓国人という国籍を越え、これからも地域に支えられ、地域に必要とされる長寿企業として、次世代に語り続けられることを期待したい。実際、この会社以外にも戦前に創立した会社のほとんどは、地元の住民や企業に支えられて、成長し続けている。特に韓国併合前に移住した在日は、このような傾向が強く、1930年以前に求職のために移住して敗戦前に創立した企業も同様なケースが見られる。

2.2.2　トップを目指して

在日の廃棄物リサイクル業者の中には、特定分野でトップを目指して厳しい競争を勝ち抜いた企業が目立つ。例えば、日本で発生する廃電線処理量や雑線の輸出量が最も多い会社、大型建物解体に特別なノウハウを駆使して全国の解体現場を飛び回る会社、大手製鉄工場で発生する処理困難の残渣のリサイクルが得意で製鋼会社の敷地に自由に出入りできる会社、建設系産業廃棄物の取扱量が日本一の会社、地域内の最大手廃棄物リサイクル会社、韓国への鉄スクラップ輸出量が飛び抜けて多い会社、廃棄物収集から焼却・埋立までのすべてのプロセスを完結している会社等々、創業以来、独自路線で成長し続けている会社が多い。2代目より3代目が会社の規模を大きくし、事業領域を拡大するとともに、社会的な地位を高め、日本の社会に溶け込みながら得意分野を確立してきたと言える。

B社は、在日1世が強制連行された九州炭鉱から逃げ出して、炭鉱から遠く離れた地を目指して移動し続け、リヤカー1台で鉄屑屋を始めた会社である。しかし、毎日昼夜を問わず一所懸命に働いた初代社長は、鉄屑屋が軌道にのる前に交通事故で亡くなる。この事故で、まだ幼い少年だった長男は、すぐに学校をやめてお父さんの代わりにリヤカーを引っ張るしかなかった。鉄屑屋の仕事についてはほとんど知識をもっておらず、毎日様々な差別を受けて心には大きい傷がつき、そして重労働を強いられる。しかし、家族を養って妹や弟の学費を工面するために、16歳の少年は家業を継ぐ決心をしたのである。自分が頑張らないと生きていけないし、幼い妹と弟だけではなく、その子孫にも辛い思いをさせたくない、また、同じ差別を受けさせるわけにはいかないという気持ちが16歳の少年を必死に働かせる原動力になったのである。最初、地元でいわゆる古物商を営むことは、とても恥ずかしいことだったという。同じ年代の少年達から石を投げられたり、取引先から罵声を浴びさせられたりすることもあったが、歯を食いしばって廃品回収を続けた。元々理科が得意で、非常に頭が良かったこの少年は、すぐに鉄屑屋としての手腕を発揮し始め、鉄スクラップよりは非鉄スクラップの価値が高く、どのようなものを集めれば、高い収益が得られ、回収や選別効率が高くなるのかを工夫した。その努力が実を結び、もはやこの会社は電線スクラップとしては日本一の取扱量を誇る会社に成長した。この社長は今も現役で、最初に会社を始めた場所に立派な本社ビルを建ててこの事業を続けている。農家や田んぼの多い田舎に高層の本社ビルが経っているのは異様な感じもするが、社長の思いとプライドが伝わってくる。恐らく、彼の50年以上の経験とノウハウによる目利きは、最新AI技術を駆使してもなかなか真似できないだろう。

2.2.3　不可能はない

廃棄物処理・リサイクル分野では、処理が困難である、無謀な挑戦である、リスクが高い、と言われるような案件が多々ある。製造業とは違って原料の確保や仕入れ、生産計画を明確にすることが容易ではなく、均一な品質管理が難しい上、資源相場は、国際関係や経済状況の変化に敏感に反応する。さらに不純物のみならず、危険物や有害物が混入されるリスクまであり、福島原発事故以降は放射線量にも注意を払わなくてはならない。

Ｂ社とＣ社は、韓国では同郷出身で、鉄屑屋を始めたのもほとんど同じルーツであり、両社は遠い親戚に当たるという。Ｃ社の２代目社長も、先代の家業を継ぐために大学進学を諦めて、若い頃からトラックを運転しながら、地元からスクラップを集めて、加工・販売した。大学には行けなかったが、物理が大好きで、自らリサイクル機械や設備を設計して製造するなど、この業界では伝説的な人物である。当時、地元の大規模開発事業から出てくる様々な大型スクラップは、運搬することすら難しかったため、これを運んで加工し、リサイクルすることは容易ではなかった。しかし、諦めることなく、多様なアイディアを出して、工具や重機を使いながら効率よく回収・運搬し、自社で加工を施して再資源化することができたという。その後も、回りから民間企業が単独で導入することは不可能であると言われた大型破砕設備、焼却・エネルギー回収プラントを導入し、業界を驚かせたのである。

このプラントは一時期、安定的な稼働ができないのではないかという噂があったが、社長のアイディアをベースに根気よく改善を重ねた結果、自社のエンジニアリング部門が自らメンテナンスしながら、安定操業を続けている。今は、処理困難な廃棄物の焼却によって得られた電力を自社工場に供給するとともに電力会社に売電もしており、地域発展と雇用に大きく貢献しているだけではなく、日本の廃棄物リサイクル業界を代表する会社に成長した。

この会社の社長（現会長）は数年前に引退されたが、廃棄物処理とリサイクル業界のパイオニアとして、そして韓国の廃棄物リサイクル業界発展に大きい影響を与えたことが高く評価され、「韓国資源リサイクリング学会」から「功労賞」が贈られた。この学会は、韓国では初めて廃棄物リサイクルに関する研究を行う学術団体として1993年に設立されたが、今までこの賞を受賞した人は彼が唯一であり、２番目の受賞者はまだ出ていない。

2.2.4 恩人

戦後、祖国に帰国できず、全く先が見えない状態で、何の当てもなく一人で電車に乗って辿り着いた田舎の小さい村で、一生の恩人に出会ったケースもある。D社の創立者は、日本敗戦直後、戦時中に働いていた町を離れる決心をしたそうである。D社は、戦後に移住した未知の地で鉄屑屋を始めたので、上述した企業のように定住していた地域を基盤に成功した事例ではない。また、すでに日本に定住していた親戚の家に身を寄せたり、在日同胞が運営している食堂や工場などでお世話になったりしたケースとも異なる。

D社の創立者が、田舎の小さい駅に降りて困った表情を浮かべていたところ、彼に優しく声をかけてくれた日本人がいた。この日本人は他所から来た外国人に初めて出会ったにもかかわらず、当時、お金がなくてもすぐに始められる鉄屑屋を勧め、鉄屑の保管場所や住む場所を提供してくれたという。D社はこれを基盤に事業を始めたというが、見知らぬ異邦人が鉄屑を集めることは簡単ではなかったと推察される。鉄屑屋として成功するまでには、この日本人の人脈と地元のネットワークが役に立ったと思われる。このように彼は、見知らぬ異邦人を物心両面で支援し、様々な面倒を見てくれた。

長年の年月が過ぎ、この会社は現在3世が社長に就いているが、もはやこの地域では有名企業である。地元では知らない人がいないくらいで、大手廃棄物リサイクル業者として成長しただけではなく、地元に大震災（熊本地震、2016）があったときには、いち早く災害廃棄物処理に着手し、地域の復興に大きく貢献したのである。

D社の玄関口には、立派な胸像が2つ置かれている。1人はD社の創業者、もう1人は創業を手伝ってくれた地元の恩人である。国を超えた博愛の精神、社会弱者で差別を受けやすい在日を快く受け入れ、さらに力強く支援してくれた人間愛、この感動的なストーリーは、日韓友好の象徴として世代を超えて語り続けられるだろう。

このように鉄屑屋を始めた在日１世、会社としての土台を作った在日２世は、想像もできない苦労、そして様々な差別を経験してきたと思われる。しかし、地域住民の支援と協力を受けて、地域とともに成長しながら、地域密着型企業、そして大手廃棄物リサイクル会社として成長したことも否めない。そこには、日韓の不幸な歴史があり、居住地や職業選択の難しさ、社会的に様々な差別があったとしでも、戦後の苦しい社会環境の中で、戦争の焼け跡と貧困から脱出し、より豊かな生活ができるよう、国籍を超えた隣人として前を向いて助け合っていたことが想像できる。

3 祖国への思い

在日１世の場合、祖国への思いが尋常ではない。彼らは職を求めて渡日し、戦後も祖国に帰国せず、日本での定住を選択したが、祖国への愛国心は誰よりも大きかったのである。民族上、宗教上のマイノリティは、企業活動において卓越性を発揮することが多いが、日本におけるマイノリティである在日も同じ傾向が見られる。ロッテ、大和製罐、平和、ソフトバンク、マルハンなどは、戦後、比較的短期間で成長した大企業であり、人口の１％にも満たない民族的マイノリティからこのような企業が誕生したことは驚くべき事実である[44]。しかし、マイノリティである在日の起業活動については、大手有名企業やパチンコ産業の創造などを注目する文献はあるものの、静脈産業への貢献については注目していない。しかし、表2-2（34ページ参照）からも読み取れるように、静脈産

44　河明生(1998)“日本におけるマイノリティの「起業家精神」―在日１世韓人と在日二・三世韓人との比較―”、「経営史学」、第33巻第２号、経営史学会、pp.50-51.

業のルーツである鉄屑屋は、1945年から1970年頃まで活発に起業しており、その存在は大きい。

河明生(ハミョンセン)(1998)は、在日１世の「伝統的価値観」の特徴をわかりやすく説明している[45]。在日１世は日本に移住する前に正規の教育を受けたことがなく、村にあった伝統的な初等教育機関だった「書堂(ソダン)」で「儒教教育」を受けた。朝鮮半島では16〜17世紀に地方郷村にはある種の「堂(ダン)」があまねく設立されており、その長たる学長あるいは訓長を択び定め、士族および平民の子弟８〜９歳から15〜16歳の者を集めて教育していたという[46]。「書堂」の教育は根底に強い儒教思想があったため、ここの教育で注入された「伝統的価値観」は「孝倫理」だった。つまり「父母から授かった我が身を大切にすることが孝の始まりであり、出世して名を挙げることが、父母に対する孝の終わりである」ことが心に刻まれていたのである。次は「血統的自尊心」であり、優秀な先祖の血統を受け継いでいるという一族への愛情を子孫に継承すべきであるという使命感が強かった。

そのため故郷を離れただけではなく、国交正常化の前には祖国に帰ることすらできなかった状況があったとはいえ、先祖のお墓参りや祭事ができず､全く親孝行らしいことを行えなかったことがとても恥ずかしく、不孝者であり、常に罪を犯しているという罪意識が強かった。このような「伝統的価値観」は、祖国や先祖のために何か罪滅ぼしをしなればならないという強い義務感を作り出してしまったのである。但し、日本にいた在日１世ができることは限られており、金銭的な支援による社会貢献に執着したかもしれない。常に自分に厳しく、勤倹節約の生活を続けてお金を貯めていた理由は、故郷への経済的な支援が、幼い頃、祖国で

45　前掲書(1998)、pp.53-57.
46　渡辺学(1956)“朝鮮における「書堂」の展開過程”、「教育学研究」、第23巻４号 pp.35-40.

「孝倫理」として学んでいた出世して名を挙げ、「血統的自尊心」を守る唯一の方法であるという強い信念があったからであろう。

実際、鉄屑屋を創業した在日１世も同じ気持ちを持っていた人が多く、祖国や故郷のために無条件の支援をした例は多々ある。例えば、全国の在日廃棄物リサイクル業者は、「族譜（チョッポ）」を非常に大事にしている会社が多い。「族譜」とは、中国を中心とした東アジア社会で編纂されてきた家系記録の一種である。「族譜」の編纂が広く行われていた地域は、台湾・香港を含む中国だけでなく、朝鮮半島、ベトナム、琉球に及んでおり、今も韓国では盛んに編纂されている[47]。在日韓国・朝鮮人が保管している「族譜」には、自分が何代目の子孫で先祖が祖国でどのような偉業を達成したのかについて、かなり詳細な情報が記載されている。特に新羅、百済、高麗、朝鮮時代に国を救った武将、著名な学者、政治家、王族や貴族の子孫であることを誇りに思っている。仮に「族譜」を持っていなくても、誰々の何代目の子孫であることや先祖が生まれ育った地元の地名をハッキリ覚えており、実際に遠い親類と交流を続けている人もいる。在日１、２世は、自分の名前を言うとき、地名と姓、派と代までを語る人もいる。例えば、自分は「慶州の金氏文宣公派の子孫で、新羅の十三代「ミチュ王」、朝鮮の「世祖大王」が先祖にあたる」といった表現をする人も少なくない。

「宗親会」は、中国人社会によく見られる父系親族組織であり、韓国においても「宗親会」の活動は活発である[48]。特に在日１、２世の場合「宗親会」に入会して祖国と先祖との関係を確かめたかったのであろう。彼

47　宮嶌博史（2002）“東洋文化研究所所蔵の朝鮮半島族譜資料について”、『明日の東洋学』、東京大学東洋文化研究所附属東洋学研究情報センター報 第７号、pp.2-4.

48　陳夏晗（2014）“国家による宗親会への管理と利用—1990年代以降における福建省南部の政府の宗親会政策から考える—”、「総研大文化科学研究」、第10号、総合研究大学院大学文化科学研究科、p.137.

らはその家系図と先祖の記録を大事に保管しているだけではなく、先祖の功績が記録された歴史書、地図、新聞記事なども幅広く集めていた。在日１世の影響で、在日２世まではこういう傾向が続くが、在日３世以降になると「家系」のプライドはあるものの「族譜」に対する愛着は大分薄れているように思われる。

3.1　罪滅ぼしと恩返し

在日１世は来日する前に「伝統的価値観」として「孝倫理」の教育を受けていたので、長い間お墓参りができなかったことに対する罪の意識が非常に強かった。戦後、両親の消息が絶たれてしまい、両親の臨終に立ち会えなかった人は、自分は親戚に会う資格がなく、親不孝者としてどのように罪滅ぼしをすべきか悩んでいた。

鉄屑屋の仕事がある程度軌道に乗って、安定的な生活ができるようになっても、贅沢せず、質素な生活を続けながらお金を貯めていたのである。中には自宅を設けず、24時間事務所で生活していた社長もいて、彼の唯一の楽しみは一箱のタバコ（一番安くて強いもの）と仕事が終わってからの晩酌（ビール一缶）だったという。

韓日国交正常化以降、祖国に往来ができるようになってから、在日１世の社長らは、お金が貯まったら故郷を訪ねて、貧しい生活を続けていた家族や親戚達に現金を渡したり、村に橋を架けてあげたり、凸凹の道を舗装してあげたり、島の村に小学校を建設して寄附したりしたこともあるという。このように在日１世達は、自分がどのように行動すれば良いかわからないまま、金銭的な罪滅ぼしや恩返しを繰り返していたかもしれない。この時期、在日１世と一緒に初めて祖国を訪ねた２世も多いが、彼らはどうして知らない人（遠い親戚だけではなく、村の人全員に現金を手渡したこともあるという）に現金を渡しているのか、日本で質素な生活をしているのに、大金を祖国に注ぎ込むことに疑問を持ったという。しかし、こういった行為によって、離れていた家族との再会ができ、存在すら知らなかった親族とも交流が始まったのである。

3.2　お墓参り

上述したように儒教思想と書堂教育の影響が強かった在日１世は、先祖のお墓参りができなかったことを大きな恥に思うことが多かった。韓国では、お盆やお正月は、田舎の実家に戻って親戚同士がお墓参りをすることが一般的である。歴史的に不可抗力の事情があったとは言え、どうすれば、長期間に渡ってお墓参りを怠ったことを許してもらえるか、この恥を挽回するために何をすれば良いか、お金で解決しようとすれば周りから軽蔑されるのではないか、複雑な思いで故郷を訪ねたのであろう。

特に韓国の有名な偉人や王族の子孫、つまり素晴らしい家系を持ち、自分の先祖や姓に誇りを持っていた在日１世は、「宗親会」を訪ねて交流を始めることが多く、自分の思いを打ち明けた上、心の底から罪滅ぼしや恩返しの気持ちの表し方を決めたに違いない。例えば、先祖の偉業を称えるために故郷に立派な記念館を建てて寄贈したり、村の住民が自由に使えるコミュニティセンターを作ったり、先祖の霊を祭るところである「祠堂（サダン）」を立て直したり、改修するなど、自分の足跡が残るような貢献を望んだことがわかる。

在日１世の祖国に対する社会貢献活動は、２世にもしっかり伝わっていることが多く、在日１世として日本社会で成功を収め、また自分のルーツを忘れず、祖国にいる親族にしっかり恩返ししたこと、さらに、自分が祖国で著名な家系であることを子孫に伝え続けるべく、日本の地元に立派な記念碑とともに家族の歴史を残している企業もある。

とにかく、立派なお墓を作って守り続けることに執着があり、頻繁に訪ねると同時に韓国の親族にお金を渡してしっかり管理するように頼むことも多く、それもできなければ遠い親戚をお墓管理人に雇ったという。残念ながら、少なからずお墓の管理については、親戚達と金銭的なトラブルになったケースも多く、逆に在日２世、３世が祖国の親戚に距離を置く理由の一つになったと考える。

在日１世は、早い段階から少ない資金と狭い場所で始められる鉄屑屋をつくり、企業として成長するための土台を作ったと言える。日本人に限りなく近い外国人という曖昧な立場だったが、地元に馴染みながら差別と格差を克服し、地域に必要な企業として位置づけられたと思われる。しかし祖国や親族への思いが極端に強く、日本に帰化するという選択肢を選ばず、韓国・朝鮮人としての誇りを持って、負けず嫌い、不屈の精神力を武器に、比較的短期間で財を蓄積してきたことがわかる。「伝統的な儒教的価値観」が強かったことは否めないが、金銭的な貢献が前面に出た故に、祖国との付き合い方は苦手だったような気もする。在日１世の鉄屑屋の犠牲と努力が、ビジネス面で在日２世、３世が祖国とうまく付き合うための架け橋役を果たしたものの、彼らの苦労が世の中に知られていないことは残念である。

在日の中でも、朝鮮半島で生まれ育ち、儒教的な教育を受け、母国語を覚えており、誰よりも祖国への思いが強かったのが１世である。

一方で日本の社会に同化することが難しく、異邦人として、そして外国語として日本語を使い、マイノリティで日本の社会で信用を得ることが難しかった彼らが、日本人に助けられ、地元の鉄屑屋として何故成功を収めたのだろうか。戦後に極貧生活を強いられ、資源も食べ物も不足していた当時に、外国人、異邦人、移民、難民という考え方よりは、同じ人間として頑張っている人を応援し、お互いに助け合うことが大事であることは、共通の認識だったかも知れない。一部の人から差別があったことは否めないが（在日１世に辛い記憶が鮮明に残っていることは間違いないが）、在日１世が語ってくれたストーリーは、大半の地域住民と地元企業とは良好な関係を築いており、重労働を拒まないで24時間が足りないほど勤勉に働き、節約生活を続けた結果、現在があるということだった。在日１世は、帰れない祖国への思いに負けないくらい、これから自分の子孫が生き続けていく日本への思いも並外れに強かったのである。

第3章

鉄屑屋からリサイクル企業へ

経済成長とともに

在日の廃棄物リイクル業者は、戦後～1960年代までの期間に創業していることが多く、朝鮮戦争の特需、日本の高度経済成長ともに成長してきたと言っても過言ではない。その後、韓国の経済成長、世界の景気変化、中国の北京オリンピック、東日本大震災、２回の東京オリンピック開催など、時代変化とともに静脈産業の役割と地位は大きく変わってきた。

1 日本の静脈産業

1.1 戦前の古物商・鉄屑（鉄スクラップ）関連業

在日の古物商、鉄屑屋、スクラップ屋などの起業は、一部戦前に創業した企業もあるが、主に戦後から1960年代がピークだったことがわかる。警視庁統計書によれば、日本のリサイクル関連業種は第１次世界大戦（1914～1918年）以前から増え続けたが、1918年の物価高騰によって鉄屑、紙くず価格も高騰し、この年を起点に関東大震災（1923年）まで減少した（図3-1）。大戦中の1917年に「製鉄業奨励法」などの優遇施策によって民間製鉄所が急増したが、急速な需要増を外国からの輸入量として賄うことができず、市中発生の鉄屑価格が高騰するとともに、鉄屑関連業は製鉄産業の発展と国内備蓄量増大とともに重要な役割を果たしながら成長したと言える[49]。

49　稲村光郎（2012）“大正９年「国勢調査職業名鑑」にみる再資源化関連業と近代産業”、「第23回廃棄物資源循環学会発表会講演集」、doi.org/10.14912/jsmcwm.23.0-155

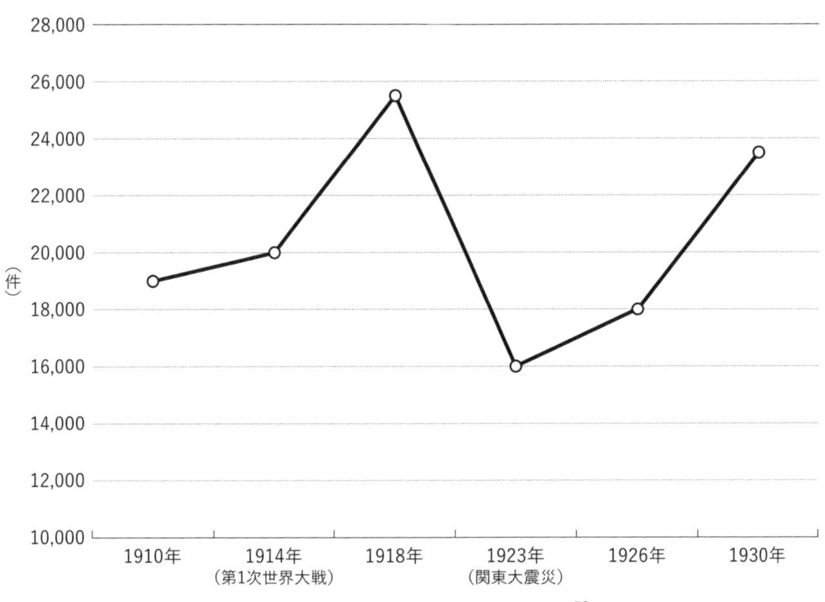

図3-1　東京市内の古物商数の推移[50]

1.2　戦後直後の製鉄・鉄屑回収

日本の製鉄工場は戦略的爆撃目標とされていたはずだったが、ほとんど無傷で残され、それほど大きい被害はなかった。もちろん武装解除の一環として主要鉄鋼会社の兵器の屑化・解体作業が始まったが、金属回収統制会社と傘下の回収隊はそれでも戦災屑処理と残務整理をしたという[51]。戦後、GHQによって「金属回収令」をはじめとする統制諸法は廃止され、鉄屑屋は自由業となった。この時期（1945〜1947年）の鉄屑業は、戦争の跡地から発生した鉄屑を集める程度だったため、工場の製造活動から発生する鉄スクラップを回収して販売する鉄屑業ではなかった。一方、1948年にアメリカの占領政策が転換され、アメリカは対日賠

50　各年度「警視庁統計書」

51　前掲書39】(2013)、pp.103-104.

償が「非軍事化」ではなく、「自立経済」の促進を決定し、対日賠償案を日本経済復興案に変えようとした。また、1949年５月に極東委員会米国代表Ｆ・マッコイ（France R. Mccoy）少将は、中間賠償撤去中止を声明し、対日賠償の打ち切りを明言した[52]。

1950年６月に朝鮮戦争が勃発し、製鉄と鉄屑業は大きい転機を迎えることになる。戦争による米軍特需は、ドラム缶、レール、トラック、機械などの鉄鋼製品が多く、戦争開始後の３ヶ月間の受注高は、鋼材５万３千トン、二次製品２万５千トン、合計７万８千トン、年間40万トンに上った。アメリカだけではなく、他国への輸出も増え、鉄鋼、鉄屑関連業者は短時間で膨大な利益を得たという[53]。しかし、増え続ける鉄屑の需要に対して、国内で発生する鉄屑量は極端に少なかった。鉄屑需要量は395万トンだったが、鉄屑の年間発生量は約46万トンに過ぎなかったため、鉄鋼連盟は「鉄屑確保対策委員会」を設立し、①国内鉄屑の在庫量調査、②東南アジア各国へ戦時鉄屑調査団の派遣、③鉄屑統制価格の廃止、④南方水域の戦時沈船の調査、⑤鉄屑企画の改正等の提案をした[54]。

1.3　在日韓国・朝鮮人との関わり

朝鮮戦争が始まってから、日本の社会・経済状況は急激に変化し、鉄屑業の事業環境も大きく改善することになり、特に戦前に創業していた在日の鉄屑屋は企業として成長する基盤を固めることができたと言える。筆者が調べた在日廃棄物リサイクル会社の中には、1920～1930年代に創業した会社が３社（九州・四国・中部）あったが、いずれも朝鮮戦

52　王広涛(2016)“日本の戦争賠償問題と対中政策”、「法政論集」、267号、名古屋大学法学研究科紀要、p.46.

53　前掲書39】(2013)、pp.113-114.

54　同上】、p.116.

争の特需で成長し、企業の規模を大きくした。

特に製鉄工場が立地していた地域は活気を取り戻し、当時在日の中ではスクラップ置場に潜入し、磁石で鉄塊を見つけてはハンマーで叩き割って運び出した人もいたという。高東元（2010）の文献によれば、P氏は戦後、川崎市で鉄屑屋を始めたというが、大手業者に一定量の鉄スクラップを納入する会社を創業したという。P氏は「クギ一本から鉄屑まで、戦後同胞が集めた量は計り知れない」と語っている[55]。

1951年３月末、鉄屑価格統制停止により、13年ぶりに鉄屑の買い付けが自由になると、市中の相場は一気に１トンあたり２万４千円に上がったという。当時、大工さんの日当が180円程度だったので、鉄屑１トンは大工さんの月給の約4.4倍に相当する[56]。偶然にも、2019年11月時点の鉄スクラップ相場も２万４千円前後である[57]。しかし、2019年の大工さんの平均月給は約30万円であるため[58]、現時点では鉄スクラップの価格は大工さんの月給の８％水準に過ぎない。このように当時の物価水準を考慮すれば、戦後の鉄くずの価格はとんでもない高値であり（現在相場の100倍以上？）、在日の新規参入も目立つようになった。終戦後、隅田川の言問橋の近くにあった墨田公園の中にあった廃品、鉄屑回収を仕事にしていた人々が住んでいたところは「アリの街」と言われていたが[59]、その中にも在日がいたのである。そして、筆者が調査した大手廃棄物リサイクル会社の中には、1952～1955年に創立した会社が４社あり、

55　高東元（2010）、“鋼鉄は如何にして～在日を支えた鉄鋼・スクラップ業～”、「在日商工人100年のエピソード」パート５、在日韓国商工会議所会報『架け橋』、141号、http://www.hyogokccj.org/?p=599

56　前掲書39】（2013）、p.118.

57　一般社団法人 日本鉄リサイクル工業会、https://www.jisri.or.jp/kakaku

58　年収ガイド、https://www.nenshuu.net/

59　「アリの街のマリア」賛美歌で追悼　戦後の隅田公園で奉仕 北原怜子さん」、東京新聞、2019年１月24日付

地域別にも東北、関東、中部、関西など幅広い地域からの新規参入が見られ、この時期に会社の業績を大きく伸ばしていた。いずれにしても、戦後祖国に帰れなかった在日としては、生きるためだけではなく、日本で生活基盤を作って定住するためには、何か職に就く必要があった。しかし、外国人が職を探すことは難しく、そもそも戦後日本の経済状況では、日本人でも就職先を見つけるのが容易ではなかったと思われる。戦後直後の「金属回収令」廃止による鉄屑業の自由化、そして朝鮮特需による鉄スクラップ業界の急成長は、在日だけではなく、日本の業者にも大きいチャンスを与えた。

一方、木村（2012）によれば[60]、地域によっては戦前日本の古物商における在日業者の割合が多く、「金属回収令」が出された1941年から高度成長期直前までの活動は低迷していたと記録している。1939年の府県別「古物商」業者数をみれば、兵庫県、京都府、奈良県、和歌山県、山口県の在日系古物商は20％を超えている。前述したように戦後、廃品回収に従事していた労働者の10人に１人は在日であり、1959年１月18日にNHKで放送された『日本の素顔、日本の中の朝鮮』という番組[61]では、韓国・朝鮮人の職業については「僅かに残された職業の一ツ」が「屑拾い」と表現していることから、1930年代から1950年代末まで在日のイメージとして古物商、鉄屑屋が根強く残っていたのではないだろうか。しかし、1939年に発刊した「日本実業商工名鑑（廃品版）」の在日系「古物商」業者の割合が全国平均で約11％だったことを考慮すれば、1941年の「廃品回収令」以前の在日系鉄屑屋の活動がより活発だったことがわかる（図3-2、図3-3）。

60　木村健二(2012)、「第１章 在日朝鮮人古物商の成立と展開」、『在日コリアンの経済活動(李洙任編著)』、不二出版

61　丁智恵(2013)“1950～60年代のテレビ・ドキュメンタリーが描いた朝鮮のイメージ”、「マス・コミュニケーション研究」、日本マス・コミュニケーション学会、No.82、pp.120-124.

1930年代後半の古物商の業者数は、大阪府（114社）、京都府（93社）、兵庫県（67社）、山口県（34社）、愛知県（31社）の順であるが、全体業者に対する在日系の割合は、山口県が最も高く（32.4％）、京都府（27.6％）、和歌山県（22.1％）、広島県（21.9％）、奈良県（19.5％）の順である。在日朝鮮人の人口が多い大阪府の場合、業者数は多いが、平均的な割合（10.3％）である。その他、山梨県、福岡県、兵庫県、滋賀県なども平均を上回っている。即ち、1930年代までに、在日の古物商は山口県、京都府、兵庫県などを中心に活動していた。

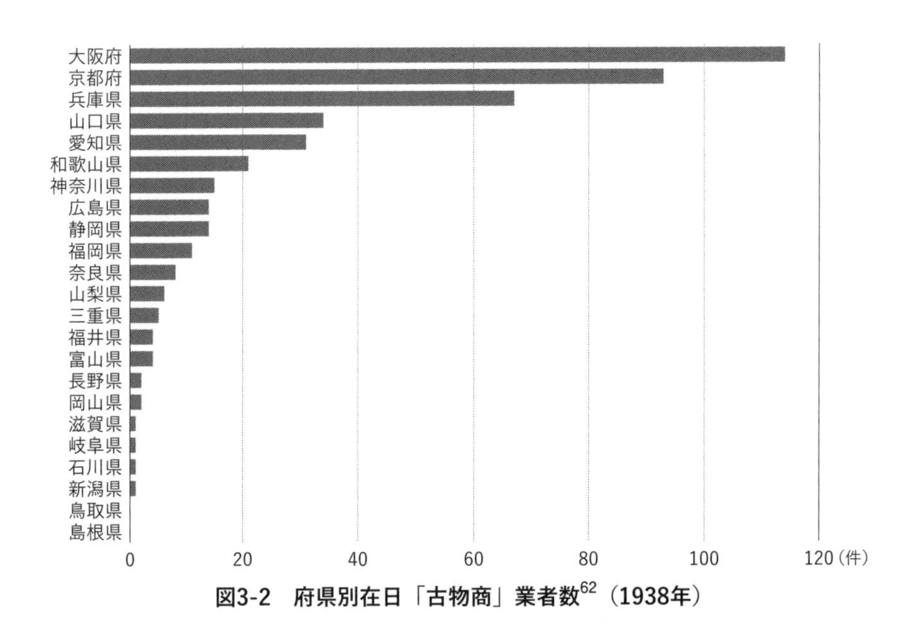

図3-2　府県別在日「古物商」業者数[62]（1938年）

62　前掲書60】（2012）、p.25を参照して作成

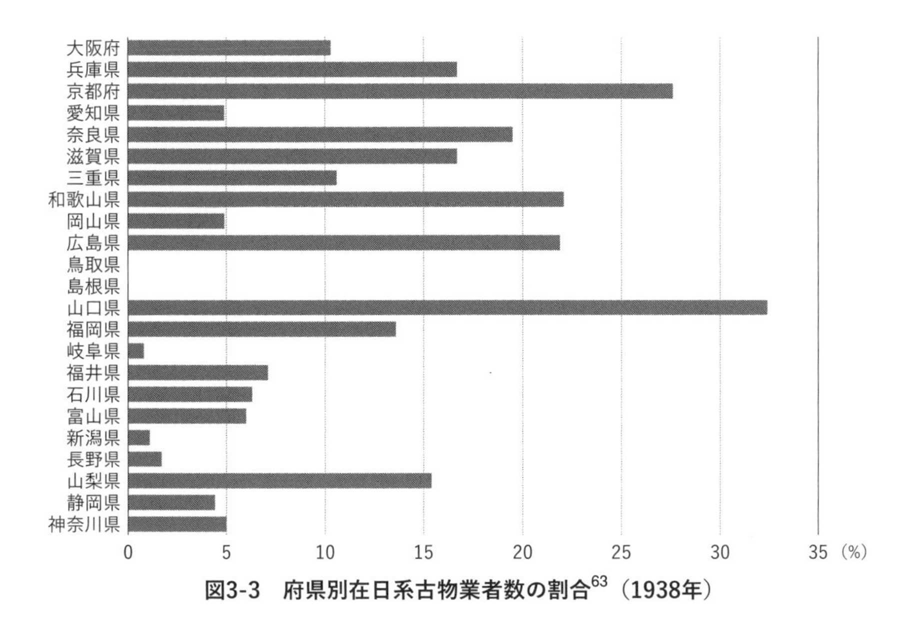

図3-3　府県別在日系古物業者数の割合[63]（1938年）

1950年代に少ない資本で起こした、現金商売の古物商、鉄屑屋の運営は、マイノリティの在日にとって、唯一持続可能な商売であったと言っても過言ではない。特に５人以下の従業員、または家族経営を中心に必死で働いた結果、鉄屑回収に大きい役割を果たすことになった。戦中は古物商としての機能がほとんど停止していたにもかかわらず、図3-2と図3-3のように戦前の古物商の業者数をみれば、すでに各地域おける回収基盤があったことと、既存の古物商と新規参入の業者とのネットワークが構築された可能性も高い。それぞれの取扱量はそれほど多くなかったかもしれないが、鉄屑の回収量は無視できない状況だったのである。当時のことを語ってくれた在日２世は、昼夜を問わず、会社から遠く離れたところまで足を運んで、人力では運べないような鉄屑の塊も、現地で解体したり、切断したりして無理をしても運んでいたので、少しでも

63　前掲書60】(2012)、p.25を参照して作成

効率よく稼ぐためにトラックの積載量はほとんど無視し、当然ながら毎日過積載の状態で運んでいたという。

富高（2013）は、タブーの記述であるとしながら次のように述べている[64]。

> 在日韓国･朝鮮人は、日本の末端鉄屑流通を覆った。その光景は、鉄屑の絶対的不足のなか戦後復興の柱としての鉄鋼生産（当時､「鉄は国家」であった）と鉄屑カルテルの結成を急ぐ日本政府と鉄鋼会社にとって、ある種の「潜在的な脅威」を与えることとなった。

特定国の外国人を名指しているわけではないが、在日が経営している鉄屑屋と就業者の数や取扱量が増えていくことは、鉄屑市場への影響も大きくなるため、彼らを牽制できるような仕組みが必要になったと思われる。結局、1955年4月に「鉄屑カルテル」が認可されるが、これに対抗して「日本鉄屑連盟」が結成された[65]。この組織は集荷量の少ない小規模業者が中心となったため、在日業者が多かったことが容易に想像できる。翌年の1956年には、神奈川県、埼玉県、徳島県で「金属営業条例（厳格な許可制）」を制定し、北海道、福岡、大阪など全国29都道府県に広がった。このようにカルテルによる鉄屑の流通構造整備、自治体の営業条例による法的な管理・監督が行われていた[66]。

つまり、戦後の「金属回収令」の廃止による自由化、朝鮮戦争特需で鉄スクラップの価値上昇は、日本企業にとっても大きいビジネスチャンスであり、国家基幹産業である鉄鋼産業の成長にも貢献できる分野として

64　前掲書39】（2013）、p.604から引用

65　前掲書39】（2013）、pp.604-606.

66　富高幸雄（2017）『日本鉄スクラップ業者現代史』、スチール・ストーリJAPAN、pp.54-55.

注目されていた。しかし、「鉄屑カルテル」、各自治体の「金属営業条例」の制定が続く中、在日の鉄屑屋は見えない壁にぶつかることになったが、事業環境が悪化していく中でも着実に存在感を増していたと思われる。むしろ、在日系の静脈産業は、この時期をしっかり堪えて、着実にビジネス基盤を固めたのであろう。在日の企業は経済的基盤が弱く、銀行からの融資も期待できない状況の中、日本企業との競争が激しくなった戦後直後より、日本の高度成長期とともに再び転機を迎えるのである。

2 日本の経済発展とともに

本書では、前述したカルテルや条例制定の動きとその影響については具体的に言及しないが、結局、通産省（現在の経産省）と大手鉄鋼メーカーが独占禁止法を改正してまで強行した鉄屑カルテルは、1955年4月から1974年10月まで19年6ヶ月、15回234ヶ月で終わった。当時の鉄鋼原料の8割を占めていた鉄屑は、日本の製鉄方法がこれ以上鉄屑に頼らなくなったことで、もはや鉄屑は国家の戦略物資ではなくなったのである[67]。

それでは、この時期に在日の企業はどのように成長してきたのかについて考察してみる。

前述したように1941年までは在日の古物商が活発に営業した記録があり、戦中は規模を縮小せざるを得なくなった。戦後、生きるために鉄屑屋を始める人が増え、朝鮮戦争勃発後、事業拡大に成功したところもあるが、様々な規制によって企業を成長させることが容易ではなかった。今回の調査対象を創立時期と事業内容に分けて、鉄屑の統計データに照らし合わせながら分析すると次のようなことがわかる。

67　同上】、p.291.

単純に考えれば、戦後、廃品回収が自由化と朝鮮戦争特需があったとは言え、約20年間の鉄屑カルテルや自治体条例制定は、マイノリティであった在日にとってはようやく訪れたビジネスチャンスを事業に活かすことが簡単ではなかったと思われる。1941年の「廃品回収令」が発効される前に創立した在日の古物商や鉄屑屋は、大きいビジネスチャンスとともに巨大な壁が同時に現れたことになる。しかし、戦後に廃品回収を始めた時期とは全く違う立場だったため、新たな戦略を練っていくこと以外に選択肢はなかった。

2.1　柔軟な対応（帰化と多品目化：1920〜1940年創業）

1930年代に創業したＬ社の場合、創業者は1950年代の初めに日本国籍を取得し、鉄屑回収・加工にこだわらず、廃ガラスの溶融や瓶製造事業を拡大するなど、時代の変化に柔軟に対応しながら地元企業としての立地を固めた。この会社は早い時期から廃品回収と加工に携わっていたにもかかわらず、本格的に金属スクラップ加工に参入したのは、日本の高度経済成長が終わろうとしていた1973年だった。しかし、すでに鉄スクラップ会社としての実績は十分認められていたので、1975年に「社団法人日本鉄屑工業会」の発足メンバーとして参画した。

日本鉄屑工業会は、現在の「日本鉄リサイクル工業会（1991年）」の前身であったが、主な会員は鉄スクラップ専門業者と商社によって構成された。「日本鉄リサイクル工業会」は、2019年12月末現在、正会員721社（専業705、商社15、海外１）、登録事業所179事業所（専業142、商社37）で構成されており、活動目的として地球環境問題を重視し、時代の変遷に速やかに対応しながら、リサイクル活動を通じて社会に貢献することを掲げている[68]。また、この工業会は国際交流活動も積極的に展開

68　社団法人日本鉄リサイクル工業会、https://www.jisri.or.jp/

しているが、毎年開催される国際会議には韓国からの参加者も多い。因みに、「日本鉄リサイクル工業会」の国際ネットワークや支部活動の中心メンバーには、在日鉄スクラップ会社の社長が数人いる。

また、1920年代に創業したＥ社は、創業当時から鉄屑に集中せず、鉄・非鉄・古紙を中心にバランスの良い経営をしてきた。創業が早かった分、古物商や鉄屑屋として成長するためのノウハウもあったし、時代変化にどのように対処していくべきかについて鋭い判断力があったはずである。それほど人口が多くない地域に立地したこともあり、同業者間の競争は激しくなかったが、戦中の「廃品回収令」や戦後の鉄屑カルテルの動きを素早く察知し、鉄・非鉄・古紙の三本柱の事業を古紙中心にシフトすることによって厳しい事業環境を乗り越えるとともに、日本人業者との激しい競争から逃れることもできた。1950年代から1960年代までは、リサイクルの中心が鉄屑中心とは言え、非鉄や古紙にも十分チャンスがあったので、次のチャンスが訪れるまで、鉄屑にこだわらない姿勢が持続的な会社運営と成長を支えたのであろう。因みに、Ｅ社の創業者は、Ｌ社とは異なる方針を定め、鉄屑に集中するような営業戦略を取らなかった故に、日本国籍の取得にこだわらなかったことも興味深い。

2.2　信用と信頼（技術力と直納：戦後～1960年創業）

前述のＤ社は、地元の日本人の支援と協力で、戦後間もない1946年に創業した。その後、1957年に株式会社になり、1960年代には本格的は鉄屑の加工処理工場を建設して、鉄スクラップ業者として活躍した。これは、最初に出会った恩人の力が大きかったと思われる。財政的な面だけではなく、日本人の事業パートナーがいることは、他の在日スクラップ業者に比べると遙かに事業環境が良かったのではないかと推察される。さらに、創業後の正確、かつ勤勉な働きぶりで、短期間で同業者の信用を得ることができたのである。1970年代には国鉄の貨車専用引き込みができたり、次々と大型の最新設備を導入したりしたのは、事業パートナーだけではなく、地元企業と金融機関の信頼が厚かったことに起因する。

1952年に創業したＧ社は、３年後にプレス機を新設するほど、鉄屑カルテルや自治体の「金属営業条例」とは関係なく、朝鮮特需を享受しながら順調に成長していた。さらにその４年後には大手製鉄業者の直納問屋になり、会社の規模を拡大していた。在日のスクラップ会社で、このように1950年代に鉄スクラップ直納問屋になったのは、珍しいケースではあるが、この会社は現在も複数の大手製鉄会社と緊密に連携している。恐らく、創業前から個人の鉄屑屋として活躍しており、鉄屑の回収能力と実績が地元の製鉄会社に高く評価されたと思われる。いずれにしても在日スクラップ業者だったにもかかわらず、大手企業の確かな信用を得て、厚い信頼のもと、当時誰もがなりたかった直納問屋という地位を得たのである。Ｇ社が立地している地域は、在日定住者が多く、鉄屑カルテルの影響が大きい中、さらに早い段階から自治体の金属営業条例が施行されたので、このような成長過程を経たことは驚きである。

同じく、1952年に創業したM社の場合、創業前から造船所との取引があり、割と大手鉄鋼会社との関係が良好だったという。鉄スクラップを原料としている電気炉の副産物、廃棄物の処理を手伝いながら、製鉄会社に自由に出入りすることができたため、1960年代から電気炉メーカーの鉱滓処理を開始した。この実績が認められて1970年には大手製鉄会社の鉱滓処理を受け持つなど、独自の技術とサービスを提供することによって大手メーカーとの信頼関係を構築したのである。この会社は現在も大手製鉄会社の敷地内で製鉄工程から発生する副産物を再資源化し、製鉄プロセスにおける資源の節約と環境負荷の低減に大きく貢献している。

また、1955年に創業したＣ社の場合、上記のＧ社とは違い、人口が集中している地域でも、周辺に大手製鉄工場が立地しているわけでもないが、日本の高度経済成長とともに着実に成長してきた会社である。会社の立地条件にもよるが、比較的に鉄屑カルテルの影響が少なく、地元の自治体が金属営業条例を施行することもなかった。1960年代における国家主導の大型公共事業によって様々なスクラップが大量に発生し始めると、この機会を素早くキャッチし、大量、かつ複雑なスクラップを迅速に運搬・処理・加工する業者として成長した。この会社は、二十数年の建設期間を要した大型公共工事の恩恵を受けながら、鉄スクラップの取扱量と会社の規模を大きくした。高度経済成長期が終わる頃（1973年）には、鉄スクラップの加工工場を開設し、大手商社の代理店の地位も得た。地方のスクラップ業者は大都市の建設や大規模工業団地の開発とともに成長することが多いが、創業当初のＣ社は、大型公共事業とともに成長したと言える。特に高い技術力で、大量に発生した鉄スクラップを的確に処理・加工・販売してきた実績は高い信用力を生み出し、工場開設と同時に大手商社から揺るがない信頼を得たのである。

2.3　鉄屑屋から専門業者へ（鉄スクラップと産業廃棄物：1960年代後半から1970年代前半創業）

1967年に創業したＨ社と1974年に創業したＦ社の場合、いわゆる鉄屑屋を中心とした事業とは少し違う性格の企業である。両者とも最終処分場（埋立地）を確保しており、産業廃棄物処理業者として成長してきた。また、先代が古物商か鉄屑屋の個人商売を行ってきて、その事業を引き継ぐケースではなく、友人同士で意気投合して起業したり、２代目が独自で事業を展開したり、廃棄物処理やリサイクルだけではなく、関連する環境ビジネスに進出するとともに同業者の吸収・合併を進めてきたことも特徴である。

鉄屑屋としては後発走者と言えるが、幅広い視点から時代の変化を読み取っていたので、鉄スクラップにこだわらず、収益性の高い産業廃棄物処理（中間処理と最終処分）、廃棄物発電によるエネルギー事業（固形燃料化、バイオマス発電）、建物解体と建設廃棄物の処理など効率性を追求した。経済発展と工業化、都市化が進むことによって、処理困難な廃棄物の発生量が急増するとともに、高層ビルやマンションなど増え続けることは、大都市に潜在的な資源が蓄積していくことになる。日本の高度成長期から増え続けてきた建物は、これから解体を迎える。それ以外にも各種社会インフラ、機械･重機類、自動車、家電製品、小型家電等々、都市鉱山としてのポテンシャルは非常に高い。このように他社との連携と新規ビジネスの推進力は、会社規模の拡大と成長の原動力になり、静脈産業としては珍しく、両者は上場企業にまで成長したのである。

3 鉄スクラップと在日静脈産業

3.1 時代変化と鉄スクラップの相場

在日静脈産業の胎動は1920年代に遡ることができるのではないかと考える。今回の調査でも1920年代から鉄・非鉄スクラップ・古紙回収・販売業を営んだ会社があり、必ずしも戦後の企業が多いわけではない。戦後、1951年から1961年まで、鉄スクラップの価格は高い水準を維持するが、高度経済成長期には鉄スクラップ消費は多いものの、価格は戦後復興期のレベルほどではなかった。２度のオイルショック前後（1972年、1978年）に一時期鉄スクラップの価格が上昇するが、2001年頃まで値が下がる一方で、鉄スクラップの需要も横ばいだった。高度経済成長期とバブル経済期は、いずれも鉄スクラップの相場が低く、バブル経済期にはスクラップの消費も伸びなかったのである。

2000年代前半は、鉄スクラップの逆有償、不法投棄が懸念されるほど相場が低迷していたが、中国の経済発展と北京のオリンピック開催によって鉄スクラップ需要が急増し、スクラップ価格は、戦後最高レベルに達した。2008年夏頃にはトン当たり約70,000円まで上昇し、年平均価格が約44,000円だった。しかし、リーマンショックで鉄スクラップの相場は一気に暴落することになり、翌年の年平均相場は約22,000円水準まで落ちたのである。東日本大震災と熊本地震の影響による価格上昇があったが、その後は約20,000〜30,000円の相場を維持していることがわかる(図3-4)。

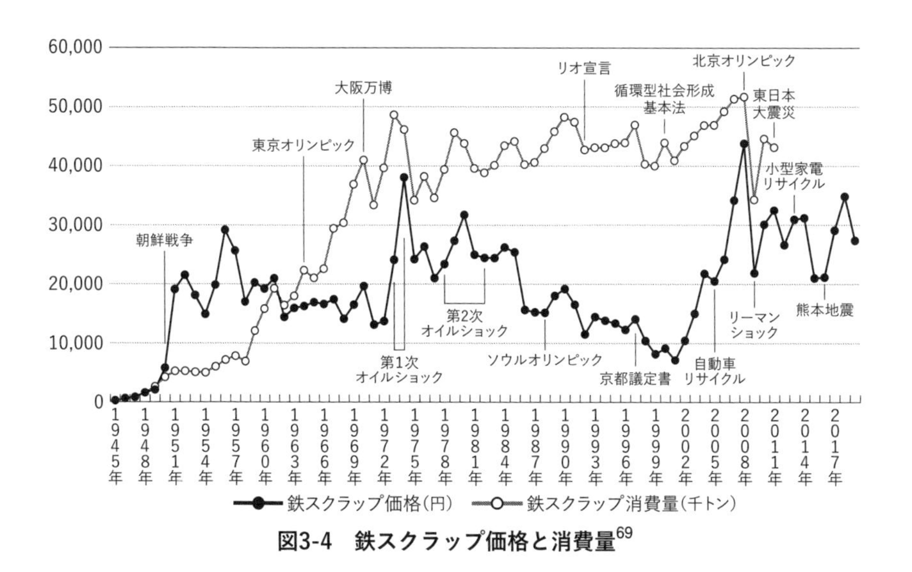

図3-4 鉄スクラップ価格と消費量[69]

69 日本鉄源協会、通産省、鉄リサイクル工業会、前掲書39】pp.733-739.のデータを参照し、筆者が作成

前述したように、在日スクラップ業者は、戦後、鉄屑業の自由化の恩恵を受けることが期待されたが、自由化の波よりは規制と競争の壁が高く、鉄スクラップの価格が低迷していた1960年代までは、鉄スクラップ業への本格参入を躊躇していたことがわかる。また、戦前から鉄屑屋を営んでいた会社は、鉄スクラップ以外の品目に注力して、大手製鉄会社、地元企業との連携を強めることで、成長のための基礎を固めていた。厳しい規制と管理・監督の中で、日本企業との激しい競争を繰り広げるより、独自の技術力と営業・販売能力を培って行くことが得策であるという判断だったのであろう。鉄スクラップの需要が高まり、価格が上昇していた時期よりは、需要が激減して価格が暴落した時期に、積極的にスクラップを買い取って、相場が回復した時点で高く販売することで、より高い収益を得たという証言もあった。実際に、オイルショック、リーマンショックなど日本の企業が苦しい思いをしている時期に、昔もそうだったように忍耐強く、厳しい障壁を賢く乗り越えてきたのである。

ところで、鉄屑カルテルや自治体条例が施行されるほど、国家的な戦略物資として注目していた鉄スクラップだが、1974年にカルテルが消滅してからは、スクラップ価格が低迷し続けていた。市場原理に基づいたマーケットになったとは言え、高度経済成長やバブル経済で景気が上向きになれば、スクラップの相場が上昇するような分かりやすい相関関係が見えるわけでもなく、オイルショック、世界経済危機、地球環境問題、大規模自然災害の影響に対応していく必要もあった（図3-4）。

実際、戦後の鉄スクラップ価格とスクラップ消費量の相関は弱く、鉄スクラップ価格が低迷していたバブル経済期（1987～1992年）からようやくそれなりの相関が見え始めるのである（図3-5）。この時期は、在日３世が成人になり、少しずつ経営に携わる頃でもあり、今までの経営方針に変化が見え始めた時期である。先代が必死の思いで設立した会社を守り抜こうしていた在日２世は、体系的に高等教育を受けた人は少なく、自分の経験と信念、鋭い感覚が会社経営方針を決めていたのである。一方、在日３世が大学を卒業して戻ってきてからは、最新の経営手法を取り入れ、地元だけではなく、多様、かつ幅広い人脈を構築していくのであった。在日３世の中には、留学派や名門大学出身も多く、社長就任後は日本の静脈産業の中心的な役割を果たしている。

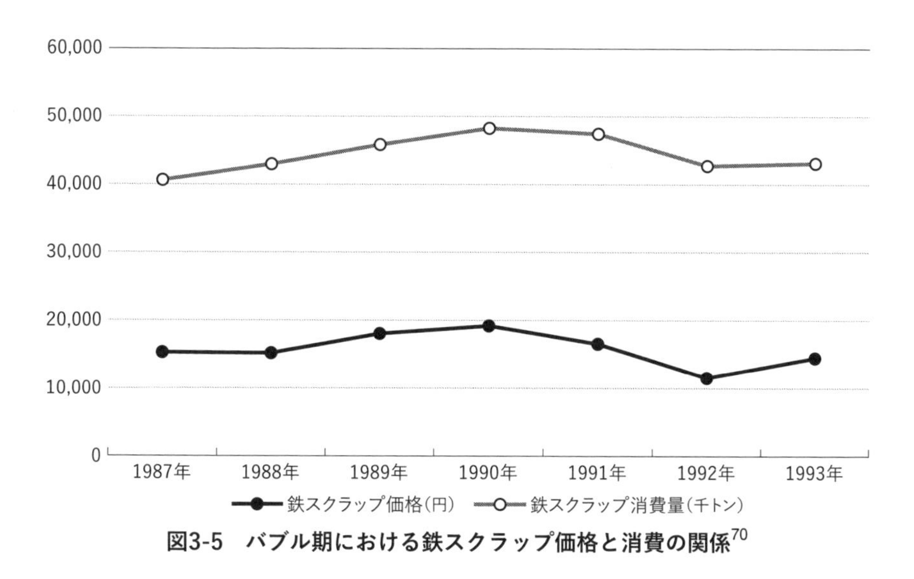

図3-5　バブル期における鉄スクラップ価格と消費の関係[70]

２代目の社長が健在している会社のインタビューでは、社長自ら「弊社は無借金経営をしている、金融機関からお金を極力借りたくない、大手のメガバンクとは取引をせず、地方銀行や地元の信用金庫をメインバンクにしている、現金収入が得られる遊技業（パチンコ）の経営を並行している」などの発言があった。韓（2007）は、信用力に欠ける創業段階にある在日企業は、民金（民族系金融機関）との取引からスタートす

70　前掲書39】(2013)、pp.733-734のデータを参照し、筆者が作成

るが、民金の経営規模の限界によってその役割が企業成長の初期段階に限定され、成長とともに、民金から一般金融機関との取引にシフトしなければならなかったとしている[71]。言い換えれば、昔は金融機関からお金を借りることがほとんどできなかったため、徹底的に自己資金の割合を高めることと、現金商売である遊技業による収入を確保していたと思われる。

3.2 鉄スクラップは輸入から輸出へ

次に、鉄スクラップの輸入と輸出動向をみてみよう。基本的に日本国内で発生する老廃スクラップだけでは、国内消費量をまかなうことができず、戦後数年間を除いて1990年前半までは鉄スクラップの輸入量が輸出量を上回っていた（図3-6）。しかし、バブル経済が消滅しようとしていた1992年頃から輸出と輸入が逆転しはじめ、在日のスクラップ業者も海外輸出に関心を示すようになった。そして、その頃からは韓国の鉄スクラップ需要が非常に高くなり、祖国との取引を喜んでいた社長も多かったが、真逆に日本国内の大手業者との取引を重視し、輸出や海外進出にあまり関心を示さなかった会社もある。このように経営方針が二分化していることは、創業当時からの日本の製鉄会社や大手商社との付き合い方に起因すると考える。

71　韓載香(2007)、"「在日企業」と民族系金融機関―パチンコホールを事例に―"、「イノベーション・マネジメント」、No.5、法政大学、p.113.
民金とは、1950年代から80年代初頭まで設立された、韓国を支持する民団系列の39組合の「商銀」と、北朝鮮（朝鮮民主主義人民共和国）を支持する朝鮮総連系列の38組合の「朝銀」、総計77の信用組合を指す。

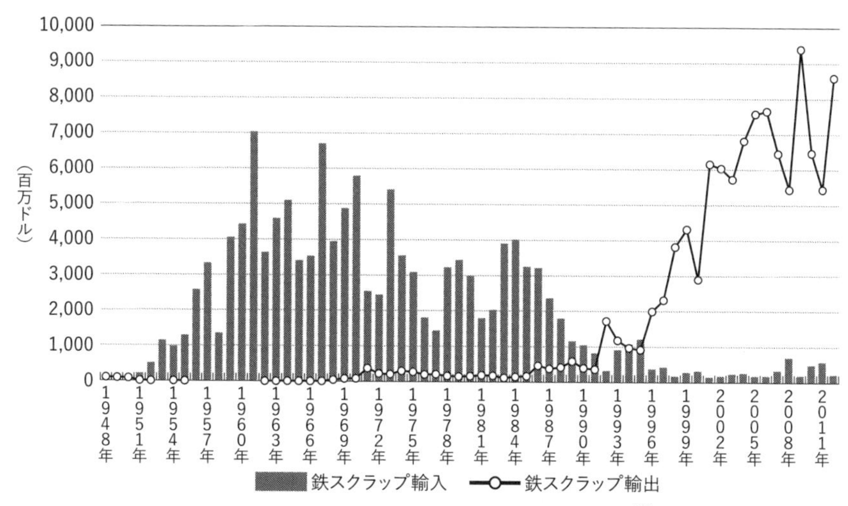

図3-6　日本における鉄スクラップの輸出入[72]

鉄スクラップの国際資源循環の動向をみると、日本は1990年代に入ってから世界トップレベルの鉄スクラップ輸出国になった。まず、1995年に世界９位の鉄スクラップ輸出国となってから、2000年にトップ３、2009年にはトップ２に上り詰めた。現在も世界５位以内に位置づけられており、鉄スクラップの主要輸出国として知られている。このように日本は10億トンを超える鉄鋼蓄積量をベースに1990年代初めに鉄スクラップの自給ができるようになり、アメリカ、ドイツ、イギリス、オランダなどと肩を並べている。

一方、韓国は鉄スクラップの主な輸入国であり、2001年には世界トップになり、その後現在に至るまで世界トップ３の輸入国である（図3-8）。トルコの輸入額が飛び抜けているが、中国、韓国、台湾をはじめ、インド、パキスタン、ベトナムなどアジア諸国の輸入額が多い。但し、中国、台湾の輸入額は減少傾向が続いており、インドやパキスタンの需

72　前掲書69、71】を参考に筆者作成

要が急速に拡大している。今後、韓国も鉄スクラップの自給率が高まるに連れ、輸入額が減少することが予想されるが、2018年の韓国の鉄スクラップ輸入額は、約26億4千3百万ドルであり、日本の輸出額の約85％に該当する。

しかし、韓国のスクラップの輸出量は、世界20～30位のレベルで鉄スクラップの自給にはもう少し時間がかかりそうである。例えば、2018年の日本の鉄スクラップ輸出額は約31億2千万ドルだったが、韓国は約3億3百万ドルであり、約10％レベルに留まっている（図3-7）。日本と韓国は、世界屈指の鉄スクラップ輸出入国であるだけではなく、地理的に非常に近接しているため、国際資源循環に大きい影響を与えており、両国にとってもとても重要な鉄スクラップ貿易国である。

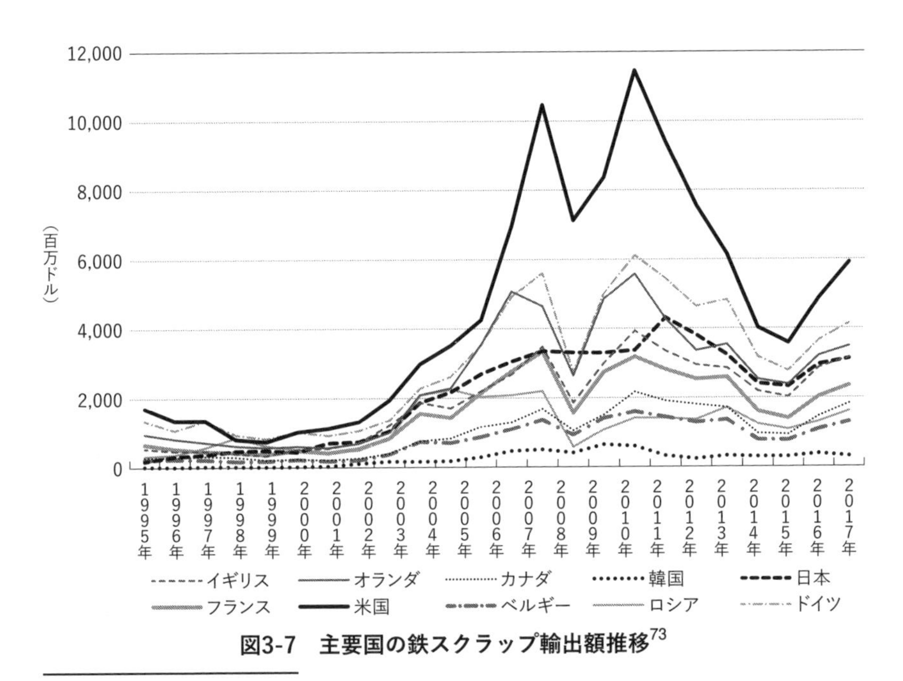

図3-7　主要国の鉄スクラップ輸出額推移[73]

73　United Nations Conference on Trade and Development（UNCTAD）を参考に筆者作成

表3-1　主要国の鉄スクラップ輸入額推移[74]

（単位：百万ドル）

国名	1995年	2000年	2005年	2010年	2015年	2016年	2017年	2018年
イタリア	1,098	509	1,466	1,857	1,297	1,036	1,616	2,090
インド	360	314	2,478	2,315	2,681	2,015	2,206	3,209
オランダ	493	258	976	2,169	1,232	1,088	1,388	1,498
韓国	996	1,100	2,275	3,816	1,716	1,473	2,070	2,643
スペイン	964	848	1,966	2,381	1,665	1,161	1,511	1,592
台湾	165	435	1,275	2,711	1,088	851	1,025	1,369
中国	175	509	2,611	3,006	1,189	930	1,238	1,559
ドイツ	363	533	1,633	2,640	1,387	1,096	1,572	1,669
トルコ	1,081	694	3,143	7,122	4,288	3,962	6,138	7,137
日本	416	221	258	611	184	157	207	237
パキスタン	22	31	318	558	1,025	1,031	1,455	1,570
フランス	277	352	727	931	641	432	568	627
米国	296	378	954	1,470	992	983	1,544	1,869
ベルギー	636	533	1,530	2,793	1,847	1,649	2,096	2,388
ロシア	8	10	16	9	40	70	187	191

韓国は輸送距離が短く、鉄スクラップ需要が旺盛であり、比較的小型船舶を利用した輸出ができるという利点があるため、日本の主な輸出先である。次頁表3-2のように、2000年頃には、中国の輸入量はほとんどなく、ほぼ全量を韓国が輸入した。しかし、北京オリンピック開催前の建設ブームで中国内の鉄スクラップ需要が急増し、一時期中国が韓国の輸入量を上回る。2010年からは再び韓国の輸入量が増えており、現在もその傾向が続いている（表3-1）。2010年から減り始めた中国のスクラップ需要は、毎年減少傾向が続いており、台湾も2015年をピークに減少している。これに変わる新しい輸出先としてはベトナムが浮上しており、もはや中国の年間輸入量に迫っている。韓国の2018年の輸入量は、2000年の約21.4倍まで拡大しており、日本からの最大鉄スクラップ輸入国の地位は揺らぎがたい状態が続いている。

74　同上

表3-2　日本の鉄スクラップ輸出実績[75]

（単位：千トン）

区分	2000年	2010年	2015年	2018年
韓国	189.4	3,333	3,104	4,066
中国	0.1	2,710	1,912	1,063
台湾	28.1	298	922	447
ベトナム	—	63	1,579	1,566
その他	8.7	60	322	582

在日大手スクラップ業者の大半は、1980年代から大型シュレッダー（廃車や大型機械類がそのまま破砕できる装置）を導入しており、またシュレッダー導入前に、大型ギロチン（切断機）、プレス機（圧縮機）などを導入するなど、大量処理・大量生産体制を構築し始めていたことがわかる。また、鉄スクラップの輸出が本格化した1990年代にも設備をさらに大型化するなど、廃棄物処理能力と会社規模を大きくしていた。そして自社トラックによる物流システムを構築しており、様々な廃棄物処理・運搬・加工に迅速に対応できる会社が多かった。高度経済成長期が終わり、さらに２度のオイルショックを経験した後、鉄スクラップ価格が低迷していた時期から積極的に設備投資を行い、鉄スクラップの輸出に備えていたのではないかと思われるほど1980年から1990年代半ばまで攻撃的な設備投資が目立っていたことも注目すべき点である。

75　一般社団法人日本鉄源協会、http://tetsugen.or.jp/

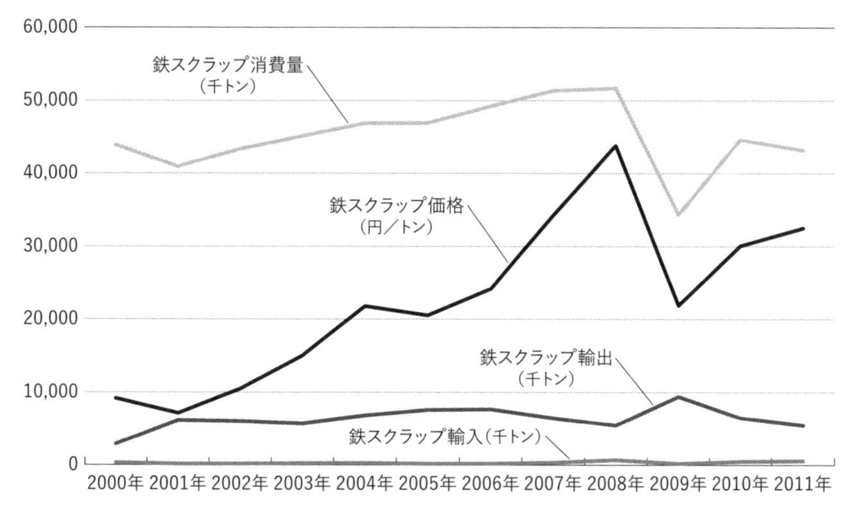

図3-8　2000年以降の鉄スクラップ関連データの推移

前述したように、鉄スクラップの価格変動を、鉄スクラップ消費量、鉄スクラップ輸出入量で説明することは難しい（バブル経済期以外）。

ところで、日本の鉄スクラップの自給率が100％越えた時点（1992年）から、鉄スクラップの価格は、これらの３つの要因と密接な関係があり、2000年以降の相関関係は非常に高い（図3-8）[76]。次頁図3-9は、鉄スクラップ価格と鉄スクラップの輸出量の関係を示したグラフである。鉄スクラップの輸出開始が、日本国内のスクラップ価格の安定化に寄与しているようで、予測値が実際のデータとほぼ一致している。日本の鉄スクラップ業界は、無駄な競争を繰り返すことを防止するために、1992年に入札制度を導入し、2005年には先物マーケットを開設するなど様々な努力をしてきた[77]。日本の静脈産業は、鉄スクラップの価格決定の客観性、

76　1992年から2011年までの相関係数は0.84、2000年から2011年までの相関係数は0.98である。有意水準95％ですべてP＜0.05

77　ノジェソク（2012）『スクラップを語る』、スクラップウォッチ、pp.177-178.

普遍性を確保しようとしていたと言える。またこれらの動きは、在日スクラップ業者にとって1980年代までとは違うビジネス環境を整わせるきっかけを提供したかもしれない。

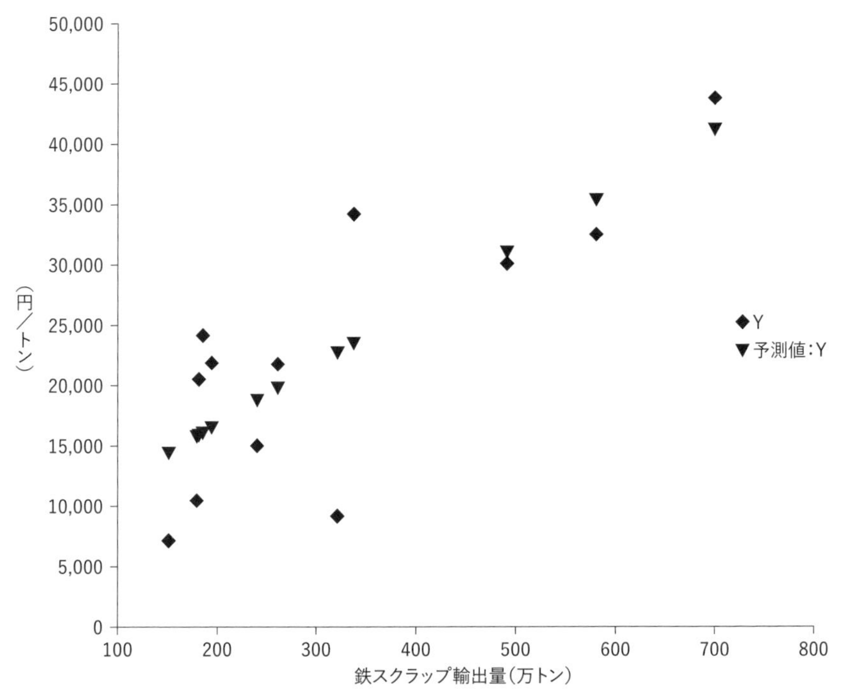

図3-9　鉄スクラップ価格と輸出量との関係（実測値と予測値）

在日の大手スクラップ業者は、1920年代から1970年代に至るまで、戦前、戦中、戦後の復興、高度経済成長とともに成長してきたことがわかる。しかし、単純に古物商や鉄屑屋としての関わりではなく、暗鬱な過去と時代変化に柔軟に対応しながら、与えられた条件と地域の状況を明確に把握し、厳しい事業環境を乗り越えてきたことも明らかである。戦後の鉄スクラップ特需、東京オリンピック、大阪万博、高度経済成長期、バブル経済などの好景気に影響されるよりは、オイルショックやバブル経済崩壊後の不況でも次のステップへの跳躍を準備していたことがわかる。

しかも、その成長の背景には、対立と反目だけがあるわけではなく、むしろ地域住民と日本企業の支援と協力があったことは興味深い事実である。戦前から古物商や鉄屑屋を始めていた在日にとっては、戦後の朝鮮特需と鉄屑需要と価格上昇に目を付けていた日本のスクラップ業界との激しい競争よりは、共生の道を探っていたと思われる。在日の静脈産業は、1955〜1973年までの高度経済成長期より、むしろ高度経済成長期以降に積極的な設備投資、規模拡大を図っていた。先代の企業精神をしっかり受け継いだ２代目社長は、この時期に企業としての立地を固め、３代目社長は、さらに企業の規模を拡大しながら、より幅広い視点に基づいて環境ビジネスとして成長し続けるのである。

図3-8からもわかるように、この時期から鉄スクラップ価格は、ようやく市場経済原則に連動するようになったが、静脈産業においても地球環境問題への対応が求められるようになった。即ち、戦前から鉄スクラップ中心だった日本の静脈産業は、廃棄物の適正処理と3R（Reduce, Reuse, Recycle）のみならず、地球温暖化対策、破砕残債物・有害物などの適正処理、不法投棄の根絶、再生可能エネルギー、都市鉱山事業[78]、社会貢献、国際化などにも関心を示すようになったのである。

1990年代からは世界的に環境問題への関心が高まるとともに、日中韓における鉄スクラップの国際資源循環が本格化した。1992年の「環境と

78　都市鉱山という概念は都市で廃棄物として大量に排出される使用済み家電製品などの中に存在する有用な金属資源（貴金属・レアメタルなど）を鉱山に見立てたもので、1980年代に東北大学選鉱製錬研究所南條道夫教授らが提唱したのが最初である。森瀬崇史(2008)“「都市鉱山」開発の現状と課題”、エレクトロニクス実装学会誌、Vol.11 No.6、p.413.

開発に関するリオ宣言」[79]、1997年の「京都議定書」[80]など、静脈産業の役割と責任が国内に限らず、国際的に問われる時代が始まった。これらの動きと同時に、鉄スクラップの国際資源循環が活発になったが、逆に化石燃料の消費量が多く、大量の温暖化ガスを排出する鉄鋼産業が弱い立場に立たされた。鉄鋼産業が鉄鉱石ではなく、鉄スクラップを原料とする電炉に注目する理由もそこにある。しかし、実際に日本の静脈産業が国内外における資源循環と環境問題に敏感に反応したのは、2000年に「循環型社会形成推進基本法」[81]が制定されてからである。第４章では、主に在日３世が静脈産業の発展と成長にどのように係わってきたかを、環境問題と国際化の側面から考察してみる。

79　1992年にブラジルのリオデジャネイロで開催された国連環境開発会議（地球サミット）で採択された。前文と27項目の原則から構成されている。各国は国連憲章などの原則に則り、自らの環境及び開発政策により自らの資源を開発する主権的権利を有し、自国の活動が他国の環境汚染をもたらさないよう確保する責任を負うなどの内容が盛り込まれている。（独立行政法人環境再生保全機構、https://www.erca.go.jp/yobou/taiki/yougo/kw30.html）

80　1997年に京都で開催された地球温暖化防止京都会議（COP3）には、世界各国から多くの関係者が参加し、二酸化炭素、メタン、一酸化二窒素（亜酸化窒素）、ハイドロフルオロカーボン（HFC）、パーフルオロカーボン（PFC）及び六ふっ化硫黄（SF6）の６種類の温室効果ガスについて、先進国の排出削減について法的拘束力のある数値目標などを定めた文書が、京都の名を冠した「京都議定書」として採択された。（京都府、https://www.pref.kyoto.jp/tikyu/giteisyo.html）

81　廃棄物の発生抑制、リサイクルの推進、廃棄物処理施設の立地の困難性、不法投棄の増大などの問題解決のため、「大量生産・大量消費・大量廃棄」型の経済社会から脱却し、生産から流通、消費、廃棄に至るまで物質の効率的な利用やリサイクルを進めることにより、資源の消費が抑制され、環境への負荷が少ない「循環型社会」の形成を推進するための基本的な枠組みとなる法律として2000年に公布した法律である。廃棄物・リサイクル対策を総合的かつ計画的に推進するための基盤を確立するとともに、個別の廃棄物・リサイクル関係法律の整備と相まって、循環型社会の形成に向け実効ある取組の推進を図るものである。（環境省、https://www.env.go.jp/recycle/circul/recycle.html）

第4章

グローバル化と地球環境問題

環境産業としての成長

1992年から鉄スクラップの純輸出国になった日本は、2012年には韓国への一国依存度が0.649まで上昇し、鉄スクラップの国際資源循環コミュニティとして見なすことになった。また、両国の鉄スクラップの貿易ネットワーク距離も世界9位にレベルまで成長し、静脈資源貿易の重要なパートナーになったと言える[82]。

同じく1992年には国連で「環境と開発に関するリオ宣言」が採択され、世界的に地球環境問題への関心が高まった。その第1原則には「人類は、持続可能な開発への関心の中心にあり、自然と調和しつつ健康で生産的な生活を送る資格を有する」とあり、第8原則には「各国は、すべての人々のために持続可能な開発及び質の高い生活を達成するために、持続可能でない生産及び消費の様式を減らすべきである」を記述した上、第12原則では「各国は、環境の悪化の問題により適切に対処するため、すべての国における経済成長と持続可能な開発をもたらすような協力的で開かれた国際経済システムを促進するため、協力すべきである。国境を越える、あるいは地球規模の環境問題に対処する環境対策は、可能な限り、国際的な合意に基づくべきである」と明言している[83]。

日本は、この時期から鉄スクラップだけではなく、銅スクラップ、廃プラスチックなど様々な再生資源を輸出することになるが、地球環境問題への関心が高まるにつれ、環境問題解決のための先進国としての責任と役割に関する期待も高まったと言える。特に大量の化石燃料（石炭・コークス）を使用する鉄鋼産業は、日本の製造業における温暖化排出ガス排出の約45%を占めており[84]、鉄スクラップを原料とする電炉への関

82 杉村佳寿・青木渉一郎・村上進亮(2015)“ネットワーク構造から見た静脈資源貿易に係わる社会システムの課題”、土木学会論文集G（環境）、Vol.71 No.6、Ⅱ_287-Ⅱ_296

83 環境省、「国連環境開発会議（地球サミット：1992年、リオ・デ・ジャネイロ）と開発に関するリオ宣言」、https://www.env.go.jp/council/21kankyo-k/y210-02/ref_05_1.pdf

84 日本経済新聞、2019年9月9日付

心がより高まった。

日本国内では建物や橋などの建築・構造物、自動車、自転車、家電製品、スチール缶、生活廃棄物など様々なスクラップが発生している。現在市中スクラップは年間約2,893万トン（2018年基準）が回収され、リサイクルに回される。2017年を基準に、鉄鋼蓄積量は13億トンを越えているが、これまで鉄スクラップの発生量は鉄鋼蓄積量の２～３％で推移しており、鉄鋼蓄積量と鉄スクラップの発生量は連動している。これらスクラップは専門の廃棄物処理・リサイクル業者が集荷・加工・再資源化するのが一般的である[85]。

一方、1990年代から世界各国は廃棄物に関連して様々な環境政策を積極的に打ち出し始めた。最近、廃プラの海洋汚染、マイクロプラスチックの問題が話題になっている容器包装廃棄物に関しては、まずドイツが1991年に「包装廃棄物の回避に関する政令（容器包装令）」を公布した。1992年にはフランスが「包装廃棄物デクレ」を制定し、韓国も「資源の節約と再活用促進に関する法律」を制定した。そして、EUは1994年に各国の個別法制度を認めながら、統一した容器包装リサイクル政策「包装および包装廃棄物に関する欧州議会および理事会指令（94/62/EC)」を定めた。日本はさらに１年遅れて1995年に「容器包装リサイクル法(容器包装に係る分別収集及び再商品化の促進等に関する法律)」を制定した。本格施行されたのは1997年であり、リサイクル対象には、ガラスびん（無色、茶色、その他色）及びペットボトルが含まれ、リサイクル責任を負うのは大手企業のみだった。その後、2000年から全面施行になり、紙製容器包装及びプラスチック製容器包装が加わり、中小企業のリサイクル責任を負うことになった。

実は、これらの法律は単にアルミ及びスチール缶・ペットボトル・ガ

85　一般社団法人 日本鉄リサイクル工業会、https://www.jisri.or.jp/recycle/technology.html

ラス瓶・プラスチック包装材などを回収してリサイクルするという意味ではなく、製品を作った生産者にもリサイクルの責任を負わせることで意義がある。経済協力開発機構（OECD：Organisation for Economic Co-operation and Development）は1994年に「拡大生産者責任」プロジェクトを開始し、その検討結果を報告書にまとめているが、「拡大生産者責任（EPR：Extended Producer Responsibility）」を次のように定義している。製品に対する製造業者の物理的および（もしくは）財政的責任が、製品ライフサイクルの使用以降の段階まで拡大される環境政策アプローチである。これらの政策には以下の２つの関連する特徴がある。地方自治体から生産者に（物理的および（または）財政的に、全体的にまたは部分的に）責任を転嫁する。また製品の設計において環境に対する配慮を組込む誘因を生産者に与えることである[86]。

このように、今までの廃棄物処理とリサイクルの概念が大きく変わり、関連する環境政策が次々と整備されるようになった。そして各利害関係者の責任と役割を明確にし、環境影響と費用負担の見える化が求められるようになった。また、国際資源循環に関する関心が高まったのもこの時期である。つまり、昔からの廃品回収業、古物商、鉄屑屋、スクラップ屋のままでは、時代の潮流に遅れることになり、環境産業として生まれ変わる必要があったのである。

日本政府は、1995年に「容器包装リサイクル法」、1998年に「家電リサイクル法」を施行し、個別リサイクル法を整備していく方針を決めた。しかし、新しい廃棄物処理施設導入には、高いコストと時間（住民反対）がかかる中、廃棄物発生量は減少せず、不法投棄が増加するなど、リサイクルを積極的に推進していくことが重要であるという認識が高まった。時代変化に伴って、生活パターンが変わり、廃棄物の発生が増加す

86　OECD「拡大生産者責任政府向けガイダンスマニュアル」

るとともにその質と量も大きく変わり、この変化に柔軟に対応していくためには従来の政策方針や原則では対応することが難しくなった。総合的な廃棄物管理を行うために、製品の生産から流通、消費、廃棄に至るまで資源の有効利用と節約、そしてリサイクルを進めることにより、環境負荷低減型、資源循環型社会システムを構築することが求められた。そこで、2000年に制定されたのが、循環型社会の形成を推進する基本的な枠組みを定めた「循環型社会形成推進基本法（循環基本法）」である。また、同じ時期に「資源有効利用促進法」改正、「建設リサイクル法」、「食品リサイクル法」、「グリーン購入法」などが同時に制定された。さらに2005年には「自動車リサイクル法」、2013年には「小型家電リサイクル法」が制定された。

1990年代以降、日本の静脈産業は、鉄スクラップ輸出国という地位変化だけではなく、鉄屑中心のビジネスから、環境産業への移行が始まったと言える。特に、自治体の廃棄物行政との関わりが見え始めたこと、有価物の売り買いだけではなく、廃棄物の適正処理と再資源化が中心となったこと、動脈産業（製造業）との連携を始めたこと、国際的な資源循環と貿易が本格化したことなど、大きい転機を迎えたのである。

在日廃棄物リサイクル会社の場合、この時期に在日３世が経営に参画し始めた時期でもある。目先の利潤追求だけではなく、取扱品目の多様化、環境問題への対応、国際化戦略等々、在日１世、２世が創業した企業を、さらに成長させるために新しい局面を迎えていたのである。単なる鉄屑屋ではなく、廃棄物の適正処理とリサイクルを中心とする静脈産業としての役割と責務がより鮮明になったと言えよう。

1 静脈産業とは

日本標準産業分類（2014年4月1日施行）から静脈産業に係わる業種をピックアップして整理すると次頁の表4-1のようになる[87]。まず、大分類Ｉ「卸売業・小売業」の中分類としては「建築材料、鉱物・金属材料等卸売業」があり、細分類として「再生資源卸売業」に分けられる。そして、「再生資源卸売業」の中には、「鉄・非鉄スクラップ卸売業」、「古紙卸売業」などが含まれる。もう一つの中分類「機械器具卸売業」の下に位置づけられている「自動車卸売業」には「自動車中古部品卸売業」が含まれるが、この業種は自動車解体業（自動車リサイクル）と深い関係がある。大分類Ｒ「サービス業（他に分類されないもの）」の中分類には「廃棄物処理業」があり、その中に「一般廃棄物処理業」、「産業廃棄物処理業」、「特別管理産業廃棄物処分業」が含まれる。

87　総務省、「日本標準産業分」、https://www.soumu.go.jp/toukei_toukatsu/index/を参考に筆者が作成

表4-1　静脈産業の分類

<table>
<tr><td rowspan="6">大分類 I
卸売業,
小売業</td><td rowspan="5">中分類53
建築材料,
鉱物・金属材料
等卸売業</td><td rowspan="5">536
再生資源卸売業</td><td>5361 空瓶・空缶等空容器卸売業</td></tr>
<tr><td>5362 鉄スクラップ卸売業</td></tr>
<tr><td>5363 非鉄金属スクラップ卸売業</td></tr>
<tr><td>5364 古紙卸売業</td></tr>
<tr><td>5369 その他の再生資源卸売業</td></tr>
<tr><td>中分類54
機械器具卸売業</td><td>542
自動車卸売業</td><td>5423 自動車中古部品卸売業</td></tr>
<tr><td rowspan="11">大分類 R
サービス業
(他に分類
されない
もの)</td><td rowspan="11">中分類88
一般廃棄物
処理業</td><td rowspan="2">880
管理, 補助的経済
活動を行う事業所
(88 廃棄物処理業)</td><td>8800 主として管理事務を行う本社等</td></tr>
<tr><td>8809 その他の管理, 補助的経済活動を行う事業所</td></tr>
<tr><td rowspan="5">881
廃棄物処理業</td><td>8811 し尿収集運搬業</td></tr>
<tr><td>8812 し尿処分業</td></tr>
<tr><td>8813 浄化槽清掃業</td></tr>
<tr><td>8815 ごみ収集運搬業</td></tr>
<tr><td>8816 ごみ処分業</td></tr>
<tr><td rowspan="4">882
産業廃棄物処理業</td><td>8821 産業廃棄物収集運搬業</td></tr>
<tr><td>8822 産業廃棄物処分業</td></tr>
<tr><td>8823 特別管理産業廃棄物収集運搬業</td></tr>
<tr><td>8824 特別管理産業廃棄物処分業</td></tr>
</table>

このように、静脈産業の中には、一般廃棄物、産業廃棄物の適正処理と再資源化（リサイクル）、最終処分、再生資源の流通・販売、中古品のリユース（国内販売·流通だけではなく海外輸出を含む）、再製造（リマニュファッチャ）とその販売・流通、有害廃棄物の適正処理など、幅広い事業分野が含まれており、多様な利害関係者と複雑なネットワークが形成されている。

2 環境産業としての成長

2.1 大型設備投資とリスク管理

一般的に在日廃棄物リサイクル会社も、鉄スクラップを主な商品として扱っているところが多い。インタビュー対象になった企業の中で7社は、高度経済成長期が終わり、オイルショックがあった1973年前後に、新たに工場を開設し、大型設備投資をしていた。主に大型ギロチンシャー（切断機)、大型シュレッダー（破砕機)、プレス（圧縮機）などを導入し、大量の産業廃棄物を効率よく切断、破砕、選別し、品質の良い鉄スクラップを国内外の製鉄会社に供給するような体制を整っていた。特に物流効率を重視し、自社トラックの拡充、または運輸会社の子会社化に踏み切ったケースも多い。不純物のない長い鉄スクラップを均一なサイズに揃えたり、自動車や家電などを破砕して2～10センチに加工したりして、これらの加工原料を電炉メーカー送る。電炉メーカーは溶融、圧延、加工して各産業現場に再投入することが大まかなリサイクルプロセスである。

図4-1　大型シュレッダー設備例[88]

図4-2　大型シュレッダーで加工した鉄スクラップ[89]

当然ながらこれらの大型設備投資には膨大な初期投資が必要である。つまり当時の社会・経済状況を考慮すれば、逆の発想とも言える行動であるが、1970年代の初期投資に続いて1980年代以降も大型切断機と破砕機などを導入し続けた会社も多く、1990年代の鉄スクラップの輸出を予見していたような大型投資が目立った。このような大型設備投資は、今までの鉄屑屋では処理が難しかった廃自動車や廃家電、大型金属製品の廃棄物などを細かく破砕し、その後、鉄と非鉄を選別して資源化する装置であり、リサイクル効率と品質を格段に向上させたと言える。

88　青南商事HP（左）、http://www.seinan-group.co.jp/、筆者撮影（右）

89　筆者撮影（宮城県）

図4-3　大型ギロチンシャー設備例[90]

実際、2005年から「自動車リサイクル法」がスタートするとこれらの大型金属シュレッダーが重要な役割を果たす。使用済み自動車の適正処理とリサイクルは、鉄屑屋としての仕事でもあったが、すでに大型シュレッダーを稼働していた会社は、さらにこの時期に最新の自動車リサイクル工場（解体工場）を開設したところも多い。今まで自動車解体工場（自動車リサイクル）は、油まみれで、タイヤやオイルの野焼き、廃液や廃油による土壌および水質汚染など、常に環境汚染を引き起こすイメージが強かったが、早い時期に積極的に大型設備投資を行ったことで、環境に優しい企業としてのアピールと大型シュレッダーの母材確保という一石二鳥の効果があった。

ところで、良質の鉄スクラップの大量生産体制を構築することは、そこから付随して発生する非鉄金属、プラスチック類、シュレッダーダスト（破砕残渣）などをどれだけ効率よく資源化及び適正処理し、莫大にかかる廃棄物処理費用を減らすのかが、会社運営のカギとなる。多くの在日廃棄物リサイクル会社が、創業当初から最終処分場（埋立地）の確

90　筆者撮影（山形県）

保、増設に走ったのは、廃棄物処理費用の削減とともに、今後社会的に最終処分のニーズが高まることを予見していた気がする。特にスクラップ加工後に必ず発生するシュレッダーダストは、別の廃棄物業者に処理費用を払って適正に処理する必要がある。日本の自動車リサイクル法が始まったことも、シュレッダーダストの不法投棄事件がきっかけになっているが、これらの廃棄物を適正処理するためには、環境汚染を引き起こせないことが大前提である。最新の焼却施設で燃やすか、最終処分場に埋め立てするしかない。しかし、一中小企業が、廃棄物行政が運営するような大規模焼却施設や埋立地を所有することは不可能に近い。これらの施設は上記の大型破砕機や切断機とは違って、数百億円単位の初期投資が必要であり、土地の確保や設備導入の許可を得るにも非常に長い時間が所要される。さらに、廃棄物焼却施設や最終処分場は、いわゆるNIMBY（Not-In-My-Back-Yard）施設であり、住民反対運動が起これば、着工までに10年以上の時間がかかることもある。江口（2018）は、NIMBY問題とは地域にゴミ処理場など、住民に地方公共サービスを提供する一方それが立地する近隣の住民には騒音や大気汚染などの迷惑や負担がかかる施設（迷惑施設）を作る必要がある際に、住民がそのような施設の必要性は理解するとしても、それが自分の居住地のすぐ近くに建設されることには反対をするため、そのような施設の立地場所の決定や建設そのものが困難になるという問題であると定義している[91]。このように焼却や埋立施設は、主に行政の公共サービスとして提供することを想定していることがわかる。

在日廃棄物リサイクル会社が最終処分場の確保に力を入れていたことに触れたが、資源リサイクルよりは、産業廃棄物処理（減容化・焼却・

91　江口潜(2018)“NIMBY問題についての再考察：簡単なゲーム理論的分析”、「新潟産業大学 ディスカッション・ペーパー」、No.47、pp.1-2.

最終処分）を中心にビジネスを営んできた企業もある。日本の廃棄物行政は、廃棄物の衛生処理と減容化が最大の課題だった。国土面積が狭い日本では埋立地を拡大することは物理的に限界があり、湿気や夏の長い日本の気候条件では、ごみをなるべく短時間で衛生的、かつ減容化する方法は、焼却処理が最適な処理方法だった。1950年代後半から1970年代にかけて、東京都江東区と杉並区の間で起きたごみ処理・処分に関する紛争は「東京ごみ戦争」と呼ばれ、注目を集めた。現在東京都は19カ所のゴミ焼却施設（清掃工場）を稼働している[92]。つまり、一般廃棄物処理はほとんど焼却に依存していると言っても過言ではない。

しかし、1990年に社会問題として騒がれていた埼玉県の所沢市の高濃度ダイオキシン類発生問題は、メディア報道に問題があったことが指摘されつつ、焼却中心の日本の廃棄物行政を大きく変える転機となった。このように新たに焼却施設を導入することは、自治体の廃棄物行政から許可をもらうのが至難の業であり、周辺住民や市民団体から厳しい視線が向けられることも避けられない。一方、廃棄物リサイクル業者側からすれば、大量に発生するシュレッダーダストや廃棄物を処理する方法として焼却は捨てがたい選択肢ではあるが、少なくとも百数十億から数百億円を投資し、さらに厳しい住民反対と自治体の認可手続きを乗り越えることは不可能ともいえる。全国の大都市で運営している既存の古いゴミ清掃工場の更新すら難しい状況なのに、今回のインタビュー対象になった在日廃棄物リサイクル業者の中で自社の廃棄物焼却施設（ガス化溶融炉[93]）を稼働させた会社が２社もあったのは驚きである（現在稼働中の施設は１社のみ）。

92　東京二十三区清掃一部事務組HP、https://www.union.tokyo23-seisou.lg.jp/index.html

93　ごみを低酸素状態で加熱することで、熱分解して発生したガスを燃焼または回収するとともに、灰、不燃物を溶融炉に投入し、1,300℃以上の高温で溶融する施設。『神戸市環境リサイクル検討委員会資料』、https://www.city.kobe.lg.jp/life/recycle/environmental/kentouiinkai/img/503gasu.pdf

図4-4　焼却設備（ガス化溶融炉）導入例[94]

それでは、これだけ建設が難しい廃棄物焼却施設が導入できた理由は何だろうか。まずは、1990年代以降、在日廃棄物リサイクル業者の地位と信用が高くなったことである。膨大な初期投資と自治体の支援が必要な大型施設だけに、大型シュレッダー設備の導入とは比べものにならない。長年の経験と事業実績、自治体の信頼がなければ、当時の年商を上回る新規投資、そして経験のない焼却施設の稼働は、会社の存続に関わる大きいリスクを抱えることになる。また、既存のゴミ焼却施設で扱っている一般廃棄物ではなく、産業廃棄物の破砕残渣を燃やすことは、設備の安定稼働までかなりの時間が所要されるだけではなく、費用対効果を考慮すれば、いつ頃から収益が見込められるかについても懐疑的に評価する人が多かった。確かに、焼却設備は、何十年も続けてきた鉄スクラップの回収・加工とは全く異なる技術で、焼却炉の温度、大気汚染、残渣など、技術的にも、環境的にも何十倍もコントロールしにくい設備

94　青南商事HPより、http://www.seinan-group.co.jp/

である。一方、リサイクルビジネスの規模拡大、会社の成長のためには、必然的にシュレッダーダストの発生が増加するし、さらに大きい破砕・切断・圧縮設備を稼働するためには、より高圧で大容量の電力供給が必要になることは容易に推測できる。よって、自社から発生したシュレッダーダスト（破砕残渣）を適正に処理しながら、高温の廃熱を利用して、自家発電による工場内の電力供給ができれば、すべての廃棄物リサイクルプロセスを自社内で完結させる、夢の総合リサイクル工場が完成できるのである。とにかく、莫大な投資・新しい技術導入および安定化のリスク、施設認可までの行政手続きと環境汚染に対するリスク、住民反対のリスクなど、様々なリスクを乗り越えて十数年間安定的に焼却・発電設備を稼働している会社が存在することも事実である。特に地元自治体の協力と支援、周辺住民の理解がなければ、実現不可能な出来事であろう。

現在、この会社は、地元のゴミ清掃工場の運営支援、容器包装リサイクルを任せられているほど、地元廃棄物行政の信頼は厚い。施設導入当初は、反対をしていた地域住民も、毎日しっかりと環境汚染物質をモニタリングし、周辺地域の自然環境に悪い影響が出ていないことに安心している。最近は、当初は反対していた住民達も自分の息子や娘がこの会社に就職して働いていることを誇りに思っているという。廃品回収をしていた小さい鉄屑屋が、もはや地域とともに成長、発展していく企業として認められるようになったのである。このように大きいリスクを背負いながらも、積極的な設備導入と新しいビジネス展開を続けた原動力は、長年の廃品回収、古物商、鉄屑屋としての経験とノウハウ、地元の有力企業としてのプライドと信頼があったことと、幅広い取引業者の苦悩をよく把握し、静脈産業の特徴と課題から社会と業界の変化を的確に読み取ったことにある。

2.2 廃棄物行政とリサイクル

2.2.1 リサイクルの重要性

日本の静脈産業は、長年鉄スクラップに注目してきたわけであるが、我々の日常生活、すべての製品の製造工程、インフラ整備や建設現場などから必ず廃棄物が発生する。これを廃棄物として見なすか、資源として扱うかは、ハッキリとした線引きがあるわけではない。廃棄物として扱う場合は、運搬や適正処理にかかる費用をもらうが、有価物として取引をする場合は、お金を払って買い取ることになる。毎日決まった曜日に家庭から出されるごみは、一般廃棄物として自治体が収集・運搬・適正処理（焼却・埋め立て）している。すなわち、廃棄物行政は私たちの税金で成り立っている。

資源・エネルギーの節約のためにはリサイクルを行うというのが最も一般的な考え方であり、開発途上国は相対的に人件費と廃棄物処理費用が安く、資源・エネルギー価格が高いため、経済的な利益が得られるリサイクル活動が成り立つ。日本でも高度経済成長期の前には、こういう意味で鉄屑屋、廃品回収業が成り立っていた。しかし、労働集約型産業でもある静脈産業は、日本のような先進国の場合、資源リサイクルから得られる利益が人件費や処理コストを下回ることによって、様々な資源とエネルギーがリサイクルできず、廃棄物として処分されることも事実である。すなわち、日本における静脈産業は、既存のリユースとリサイクルだけではなく、廃棄物の適正処理、最終処分までを幅広くカバーしていると言える。安井（2003）は、日本でリサイクルを行う理由を表4-2のようにまとめているが、これらの資源・エネルギーは時代や経済状況の変化によって、廃棄物処理費用と資源・エネルギーの価値が逆転（逆有償）することも十分あり得る。

表4-2　リサイクルを行う理由[95]

<table>
<tr><th>対象物</th><th colspan="2">理由</th></tr>
<tr><td>貴金属、アルミ、銅、工場からの廃棄物（副産物）など</td><td colspan="2">市場原理、経済的な利益創出</td></tr>
<tr><td>ガラス、生ゴミ、建設廃棄物、農作物残渣、家畜排泄物など</td><td colspan="2">最終処分場の延命化（最終処分費用の節約）</td></tr>
<tr><td>プラスチック類</td><td colspan="2">埋立不適物の回避</td></tr>
<tr><td>紙、木材</td><td>再生可能資源の過剰使用防止</td><td rowspan="5">資源・
エネルギーの
節約</td></tr>
<tr><td>鉄（家電、自動車等）</td><td>資源の節約</td></tr>
<tr><td>ペットボトル</td><td>エネルギーの節約</td></tr>
<tr><td>その他プラスチック</td><td>エネルギーの回収</td></tr>
<tr><td>すべてのリサイクル</td><td>雇用の確保</td></tr>
</table>

2.2.2　不法投棄事案

このように廃棄物と有価物の区分は明確ではなく、曖昧な判断基準で取引を行うことが想定できる。また、廃棄物の不適正処理や不法投棄事案も根絶できない。日本でも大規模不法投棄事件が何度も発覚しており、その中でも国内最悪の不法投棄事件として知られている「豊島事件」は日本の社会に大きい衝撃を与えた。自然豊かな豊島に不法投棄をした処理業者は、1975年後半から1990年にかけて、無許可でシュレッダーダストや廃油、汚泥等の産業廃棄物を搬入し、処分地内で野焼きと埋立を続けていた。この間、香川県が立ち入り調査を行っていたが、有価物を主張する業者に対して1990年まで有効な措置を講ずることができず、国立公園の豊島に不法投棄された廃棄物は、約92万トンに上った。結局、当該業者は破産し、残された廃棄物は香川県が税金を使って処理することになった[96]。14年という長い歳月をかけて、最後の不法投棄廃棄物が完

95　安井至(2003)“リサイクルの意義と実情―なぜリサイクルは理解しにくいか―”、「化学と教育」、51巻1号、pp.14-15を参照し、筆者が微修正

96　佐藤雄也・端二三彦(2001)“豊島産業廃棄物事件の公害調停成立”、「廃棄物学会誌」、Vol.12、No.2、pp.106-109.

全に取り出され、適正に処理されたのは2017年３月のことだった。この事件が、日本の「自動車リサイクル法」制定に大きい影響を与えることになったが、不法投棄された主な廃棄物がシュレッダーダストであることに注目する必要がある。在日廃棄物リサイクル業者が最終処分場の確保と焼却施設の導入にこだわっていたこともシュレッダーダストの処理方法を講じることがリサイクルビジネスを創出する重要なポイントになるからと考えていたのであろう。すなわち、表4-2で示したように、資源・エネルギーの節約（回収）、埋立不適物の回避、最終処分地の延命化などを図ることになり、雇用確保とコスト削減が収益を創出するような好循環を生み出すことができるのである。

図4-5　豊島の不法投棄廃棄物処理現場[97]

豊島事件によって産業廃棄物の不法投棄に関する社会的な関心が高まったが、1999年には国内最大規模の産業廃棄物不法投棄事案である、「青森・岩手県境不法投棄事案」が出てきた。青森県田子町と岩手県二戸市にまたがる27ヘクタールもの広大な土地に、大量の産業廃棄物が不法投

97　筆者撮影（香川県）

棄されていた。特に不法投棄された廃棄物の多くは、首都圏から運び込まれたものだったこと、主な不法投棄廃棄物が固形燃料、堆肥、焼却灰、汚泥などであり、一度中間処理や再資源化したものを遠方まで持ち込んで不法投棄した事実がさらに衝撃を与えたのである。青森県は2004年から廃棄物の撤去を開始し、2013年12月、廃棄物等の全量撤去を完了した。青森県側だけで、撤去した廃棄物等の量は約115万トンにのぼり、2020年までの原状回復費は約480億円と見込まれた[98]。ちなみに、これらの不法投棄廃棄物の多くは在日廃棄物リサイクル業者によって適正処理された。青森県は、このような大規模不法投棄事案を対応するための設備を備えていないし、適正な搬出・運搬・処理・モニタリングなどを行うための人員と重機、技術とノウハウも持っていない。地元自治体との信頼関係、積極的な設備投資と運営経験があったからこそ、思いも寄らない大規模不法投棄事案に素早く対応し、適正な方法と技術で最後まで処理を完了させることができたのであろう。

図4-6　不法投棄廃棄物の積み込み[99]

98　青森県、「青森・岩手県境不法投棄事案アーカイブ」、https://www.pref.aomori.lg.jp/nature/kankyo/kenkyo-archive-toppage.html

99　青森県、「県境不法投棄事案アーカイブ画像集」、https://www.pref.aomori.lg.jp/nature/kankyo/archive-syashinkan.html

2.2.3 自動車リサイクルと環境問題

豊島事件で莫大な量のシュレッダーダストが見つかってから、使用済み自動車の適正処理と不法投棄に社会的な関心が高まった。使用済み自動車は、解体工場で必要な部品（エンジン、電装品、タイヤ、ホイルなどの中古部品）、ハーネス（配線類）、廃液、廃油、触媒、バッテリーなどが除去された後、圧縮された鉄スクラップは破砕工場に送られる。使用済み自動車を効率よく処理するには大型シュレッダーによる破砕処理が必要だが、破砕プロセスを経れば、大量のシュレッダーダストが発生することは容易に想像できる。自動車普及率が高まり、十数年後は必ず膨大な使用済み自動車が発生すると予想される中、豊島のシュレッダーダストの不法投棄事件が重なり、廃棄物行政としては、使用済み自動車の適正処理とリサイクル、環境汚染のモニタリングが重要な環境政策として位置づけられた。

ところで、鉄スクラップの価格は、1980年代から下がる一方で2000年前後には、戦後直後と同じレベルであるトンあたり１万円を下回るようになった（第３章の図3-4）。戦後50年以上の年月が過ぎたのに、鉄スクラップの価格が数千円で取引されるということは、表4-2（93頁）で示している「リサイクルを行う理由」は見つからなくなる。つまり、使用済み自動車は逆有償（廃棄物処理費を払う）現象が起こり、全国的に不法投棄が懸念された。さらに、2000年10月にEU加盟国における自動車メーカーによる廃車の無償引き取りや環境負荷物質の原則使用禁止、リサイクル可能率認証化などを盛り込んだ「ELV廃車指令（European union end-of-life vehicles directive）」が公布されたことを受けて[100]、日本政府も2005年に「自動車リサイクル法」を施行した。

昭和30年代（1955年頃）を舞台に、自動車解体業で働く青年とお医者

100　大須賀和美・大須賀博（2016）『最新版自動車用語辞典』、株式会社精文館

さんのお嬢様のラブストーリーを描いた「ぽんこつ」という小説がある[101]。この小説には自動車解体業を「ぽんこつ屋」と表現している。交通渋滞（モータリゼーション）や女子大生の急増など当時の世相が描写されているが、自動車解体業のイメージは社会の底辺の仕事で、油まみれの作業着、汚水、黒煙が立ち上る現場を想像してしまう。在日廃棄物リサイクル業者も創立当初は、鉄屑屋として廃車を取り扱うことが多く、スクラップヤードの隅っこでは必ず自動車解体を行っていた。在日３世は幼い頃、小学校から自宅に戻れば、スクラップヤードが遊び場となり、お父さんは現場で遊んでいた息子に磁石のベルトを着けて、遊びながら鉄屑を拾ったという。

自動車は、製造段階から鉄を中心に、アルミ、銅、プラスチック、貴金属やレアメタルなど様々な資源が投入される。使用段階では大量の化石燃料（ガソリン、軽油）を消費し、排気ガスが大気汚染を引き起こすだけではなく、交通事故による人的・物的被害も避けられない。そして、廃棄段階には、廃油、廃液、廃バッテリー、廃タイヤなどが廃棄され、有害物質を適正処理せず放置すれば、深刻な環境汚染に繋がる。また、自動車用のコンプレッサー式エアコン冷媒には「フロン（CFC12）」が使われたが、1970年代にフロン類によるオゾン層破壊の問題が取り上げられ、国際的に代替フロンの開発・実用化が急がれた。「フロン（CFC12）」は、1980年代後半に国際的に製造・輸入が禁止され、その代わりに「代替フロン（HFC134a）」が使用され始めた。しかし「代替フロン」は、オゾン層破壊は防げるものの、地球温暖化影響係数が非常に高い温室効果ガスである[102]。結局、両方とも地球環境に悪影響を与えるため、二種類の冷媒の回収と破壊が適切に行われなければ、オゾン層破壊や地球温

101　阿川弘之（2016）、筑摩書房（復刻版）

102　「特集新冷媒の基礎知識と対処法」、月刊ボデーショップレポート、2019年１月号、p.22

暖化に深刻な影響を及ぼすことになる。さらに、前述したように、社会問題になった自動車シュレッダーダストの不法投棄問題が二度と発生しないように、ダストの適正処理と完璧なモニタリングが強く求められるようになったのである。

図4-7　最新の自動車解体設備の例[103]

このように「自動車リサイクル法」の施行は、既存の静脈産業のイメージを大きく変えることになり、多様、かつ複雑、そして幅広い地球環境問題への対応を促したのである。つまり日本の静脈産業がステップアップするチャンスが訪れたと言える。在日企業を含めた自動車解体業や鉄スクラップの加工業は、今までのポンコツ屋のイメージを大きく変えて、最先端の環境汚染防止施設と解体設備を備えた自動車リサイクル業者として生まれ変わり、多くの業者が自動車リサイクルに新規参入した時期でもある。

毎年日本で発生する使用済み自動車は300万台を超えている。図4-8は

103　筆者撮影（青森県、栃木県、宮城県）

日本国内で廃車として引き取られた自動車台数の推移である。年々軽自動車の発生が多くなっているが、確実に300万台以上の使用済み自動車が発生することがわかる。国土交通省の資料によれば、自動車１台の平均重量は軽自動車が約885kg、普通車が約1,420kgである[104]。また、自動車工業会の資料によれば、例えば、2,000ccクラスの自動車（空車重量1,214kg）のスチールボディの重量は343kgである[105]。これらのデータに基づいて、車１台あたりの総重量の約28％が鉄だと仮定し、2018年に発生した使用済み自動車、普通車186.3万台（鉄重量を約398kgと仮定)、軽自動車151.6万台（鉄重量を約248kgと仮定）から回収できる鉄資源の量を試算すれば、年間約112万トンの純粋な鉄スクラップ（ボディのみ）が自動車リサイクル由来であることがわかる。それに、エンジン、車軸などボディ以外の鉄と各種非鉄、貴金属やレアメタル類、樹脂類などもリサイクルできるので、自動車リサイクルの都市鉱山としてのポテンシャルは非常に大きい。

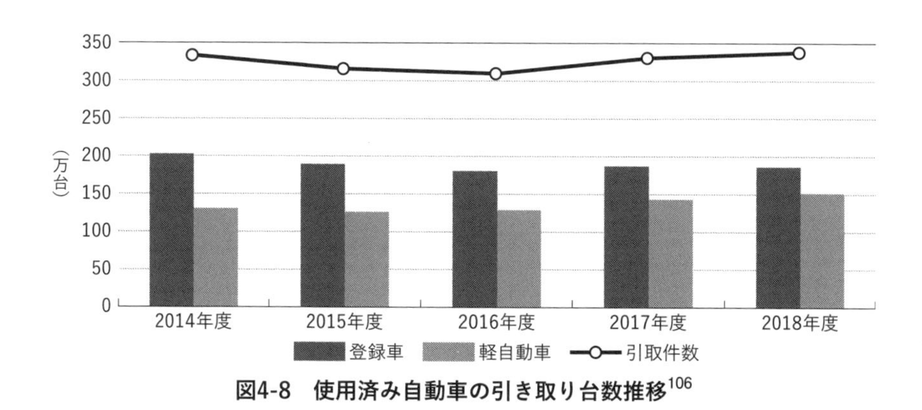

図4-8　使用済み自動車の引き取り台数推移[106]

104　国土交通省自動車局(2013)、「自動車関係税制のあり方に関する検討会資料（資料３)」

105　高行男(2013)“自動車を構成する３大材料とボディ”JAMAGAZINE 2013年３月号、日本自動車工業会

106　自動車リサイクル促進センター(2019)『自動車リサイクルデータBook 2018』

自動車リサイクルは、鉄スクラップの母材確保という側面だけではなく、水質汚染、大気汚染、土壌汚染などのような環境問題のみならず、貴金属、レアメタルを初めとする様々な資源問題、エネルギーの有効利用、オゾン層破壊、地球温暖化などのような地球環境問題にも密接な関係がある。もちろん、自動車リサイクル法の施行後、廃車の不法投棄はほとんど見当たらなくなったし、新しいシュレッダーダストの不法投棄事案が出てくることもなかったのである。殊に世界的に人気の高い日本車は、海外における中古車や中古部品の需要が旺盛であり、自動車リサイクル法が本格施行されてからは、中古車や中古部品の輸出も順調に増え続けている。1990年代初めから鉄スクラップの海外輸出が始まったこととともに、2005年頃からは国際資源循環のネットワーク構築（リユース・リサイクル）の動きが本格化したのである。この時期から静脈産業、とりわけ自動車リサイクル業は、ポンコツ屋のイメージから脱却し、環境汚染防止、環境ビジネス、資源リサイクルなどへの貢献を強くアピールし始めたのである。

3 災害廃棄処理の貴重な経験と絆

最近、毎年世界各国で地震、津波、台風、洪水、火山噴火、山火事などの自然災害が頻発している。今まで発生していた災害の大きさや被害規模を遙かに超える大震災が世界のどこかで発生し続けている。大量生産・大量消費・大量廃棄の社会・経済活動の継続によって引き起こされる地球温暖化による気候変動と環境汚染の深刻なリスクは、世界各国の研究者や市民団体が警鐘を鳴らしていたが、地球環境問題解決に向けた国際会議では先進国同士すら合意が得られないまま、危機的な状況を迎えている。もはや地球温暖化による「気候変動（Climate Change）」という表現は、「気候危機（Climate Crisis）」という言葉に変わりつつある。

日本は世界的にも有名な地震大国である。1995年1月17日5時46分に淡路島北部を震源として発生した「阪神・淡路大震災」は大都市における直下型地震であり、マグニチュード7.3の強さで神戸市内から阪神間の地域に甚大な被害をもたらした。この地震によって発生した震災廃棄物の処理には、大阪、神戸、兵庫県で廃棄物リサイクル業を営んでいる在日廃棄物リサイクル業者も大きく貢献していたことが想定できるが、この地域の調査対象企業の中には「阪神・淡路大震災」について触れた会社はなかった。すでに25年の歳月が過ぎたため、大分記憶が薄れていたかもしれない。「阪神・淡路大震災」に比べて地震の規模や範囲が広く、津波による甚大な被害をもたらした、2011年の「東日本大震災」、そして、記憶も目新しい2016年「熊本地震」の震災廃棄物処理に関しては、在日廃棄物リサイクル業者の存在とその役割が非常に重要だった。

3.1　東日本大震災の記憶

2011年3月11日、午後2時46分、日本の東北地方に今まで経験したことのない大きい地震が襲ってきた。マグニチュード9の地震に津波、原発事故、火事などが連続的に起こり、甚大な複合被害をもたらした[107]。筆者は、東北大学川内キャンパスにある研究室で業務を行っていたが、築40年を超えた建物が激しく揺れ始め、身の危険を感じていた。上着を着て靴を履き替える余裕もなく、とっさに非常階段に向かっていた。さらに大きい揺れが襲いかかって、階段を転び落ちるように降りてから、建物を振り向いた際には、すでに隣の建物に繋がっていた非常階段が激しく衝突し、一部の階段の破片が地面に落ちている状態だった。そして

107　平川新、今村文彦 編著（2013）『東日本大震災を分析する』、明石書店、pp.10-12.

駐車場に駐まっていた車が飛ぶように揺れており、破壊された屋上の貯水タンクから大量の水が玄関先に流れ込んでいた。その時の恐怖は今も鮮明であり、まるで映画のワンシーンを見ているような感じだった。足を怪我していたのにその痛みや寒さも忘れてただ呆然としていた記憶がある。その後、何度も強い揺れを感じ、雪がちらつく中、校舎内にいた学生や教員の安否を確認して、書籍やモノが散乱していた研究室から何とか上着と車のカギを探して、帰路についたのは夜８時が過ぎてからだった。実は、この時間帯まで、私自身は東北地方に黒い津波が襲いかかったことすら分からなかったのである。何となくラジオニュースから状況が把握できたものの、経験したことも見たこともない津波がどのような被害をもたらしていたのかを知るはずもなかった。実際に、仙台空港に黒い津波が押し寄せて来る映像を、自分の目で確認したのは、約１週間後に停電が回復してからである。韓国にいる両親や親戚、友達が私よりも先に状況把握ができたのである。とにかく、震災の翌日から自転車で大学に通いながら、まず、半壊判定で入れなくなった校舎の前で、研究室の院生達、特に留学生の安否確認をしていた。幸いに私が指導していた学生は、三日後に全員無事が確認され、大学授業が再開するまでは自宅で待機するように指示し、私自身も少し落ち着きを取り戻したのである。

停電が解消してからはパソコンが使えるようになり、モバイルネットワークも徐々に繋がるようになって、気になる被災地の状況を、私と交流のあった廃棄物リサイクル業者を通じで確認することができた。というのは、テレビの映像から見えた津波被害の光景から膨大な災害廃棄物が発生しており、一刻も早く人命救助や復旧活動を行うためには、まず道路を塞いでいる廃棄物をなるべく早く処理する必要があると思ったからである。しかし、被災地までに移動するには、車を利用する必要があったが、仙台市内でガソリンを入れることがほぼ不可能で、ガソリンスタンドの前に並んでひたすら注油の順番を待つしかなかったのである。仕方なく、自転車で移動できる範囲を中心に、被災地を回り始めたが、寒さだけではなく、被災地の悲惨は光景に、涙が止まらなかった。

当時、決定的に不足していたのは、食料や物資、電気やガスだけではなく、正確な情報だったような気がする。被災地にいながら、周りがどういう状況なのか、どのように行動すれば良いのかが判断できないときに、メールや電話で、貴重な情報を送ってくれたのは、いわゆる静脈産業に携わっていた方々だった。これは在日廃棄物リサイクル業者だけではなく、私が知っていたすべての業者さんから様々な情報が届いていたのである。必要なものがあればいろんな手段を使って物資を届けられる、もし国に帰りたければ、空港まで移動できる（当時は仙台空港が津波被害で封鎖されていたため、新潟や秋田空港まで移動する必要があった）ガソリンを積んで、東京から仲間の業者がリレー方式で仙台まで燃料を届けることもできる、東京に来ればしばらく居住する場所を提供できるなど、とてもありがたい提案ばかりだった。実際、東京から仙台まで車で駆けつけてくれた社長と一緒に放射線量を測りながら福島の被災地を調査したこともある。

3.2　災害廃棄物処理と仲間

震度７強の地震があった宮城県県北には、宮城県最大の自動車リサイクル工場がある。自動車解体工場には毎日数十台の廃車が運ばれるが、これらの廃車には少量ではあるが、ガソリンや軽油が残されている。この燃料は解体プロセスの中で引き抜かれて工場内の燃料タンクに保管する。この燃料を販売することはできないが、場内の重機や社用車などに使われるのが一般的である。つまり、自動車解体工場を持っている廃棄物リサイクル業者は、この燃料を使って、災害廃棄物の状況把握ができたのである。この会社の調査隊は、震災直後から津波に流されて無残な姿で道路を塞いでいた被災自動車の移動と処理のために、いち早く動き始めたのである。その時の映像や各種記録、データは今も保存されているが、当時の被災状況では、被災自治体は何をすれば良いか分からないまま、宮城県や政府の指示を待つしかない状況だった。数千台に上る被災自動車の処理は、どこの部署が管轄であり、誰の責任と指示で動くべきなのか、移動するための重機や人員、そしてその費用は誰が払うのか、車の所有者をどのように確認するのか、自動車リサイクル制度との関係はどうなるのか等々、膨大な震災廃棄物の処理経験が全くなかった被災自治体は、もはや為す術がなかったのである。

このような混乱が続く中、震災三日後には、すでに在日廃棄物リサイクル業者の調査隊は､地元自治体から通行許可書を発行してもらった上、被災地に入って被災車両の移動・処理計画を練っていた。私も彼らの情報を得ながら、作業員と一緒に被災地現場に入って現地の状況を調べたり、被災自治体のヒアリング調査をしたり、震災廃棄物処理に関する政策決定、適正処理とリサイクルプロセスを詳細に分析、把握することができた。多数の死亡者と行方不明者、甚大な被害を受けてパニック状態に陥っていた被災地の自治体は、廃棄物処理とリサイクルの専門家である彼らに、被災車輛の所有者確認、関連情報の周知・広報、各種問い合わせへの対応、被災車両の移動と保管、抹消登録、自動車リサイクルの手続きと処理プロセスなどまでを安心して任すことができたと思われる。自治体によっては、関連省庁や県の指示を待ちきれず、民間業者の力を借りたことに不安を感じていたり、他の自治体や関連同業者に批判を受けたりしたことも事実だったが、このような処理を行ったことは、震災廃棄物の処理と復興のスピードをあげることができたため、結果的に高い評価を受けることになった。

図4-9　津波による被災者自動車の現地調査（筆者）[108]

図4-10　福島の被災自動車の現地調査（筆者）[109]

次は、被災自動車だけではなく、震災廃棄物処理にも大きく貢献した在日廃棄物リサイクル業者の事例を紹介したい。特に津波被害が多かった沿岸部の自治体は、道路が寸断され、震災廃棄物の仮置場の設置が難

108　在日廃棄物リサイクル業者との共同研究調査（宮城県多賀城市）
109　「東北大学総長裁量経費事業（復興支援）」による被災地研究調査（福島県相馬市）

しく、大きい余震が来た場合、作業員が避難する場所を確保することができなかった。このような厳しい状況の中で、被災地で震災廃棄物を一次加工してから、迅速に搬出・処理することが求められた。しかも、被災地周辺には、宿泊先が全く見当たらず、宿泊先から現場まで片道2時間以上の距離を移動せざるを得なかったのである。慣れない被災地に入って、再び襲いかかるかもしれない津波の恐怖に耐えながら作業することは、現地入りを指示した社長も、現地作業を担当していた従業員にも相当の覚悟が必要だったと思われる。どのような重機を使って加工すれば運び出しやすいのか、各種スクラップをどのように分別して積み上げておけば効率よく作業できるのか、高度経済成長期から多様な廃棄物を扱ってきたノウハウ、ベテラン社員の知恵は、震災廃棄物の処理にも遺憾なく力を発揮した。被災自治体の信頼、地元同業者や住民達の支援と協力などが一つになって、東北の復興は少しずつ光が見えてきていた。被災地現場で作業を行っていた従業員の一人は、このようにつぶやいていた[110]。

町内から運ばれてきたがれきのうち、金属くずを移動式プレス機で圧縮処理をしています。圧縮することによって、自治体が確保に苦慮している保管スペースを節約することができます。さらに、かさ比重を上げることによって、運搬する際の車両一台当たりに積み込む重量を増やすことができ、搬出のスピードアップを図ることもできます。「一日でも早くがれきを処理することが僕らの役目です。早く処理を終わらせることができれば、それだけ町の人たちが踏み出す次の一歩が早くなるから。だからどうすれば効率よく作業を進められるか全員で協力して進めています。初めて経験することが多

110 Dust My Broom Project, http://dust-my-broom.jp/

いけど自分にできることを精一杯やり続けます。

図4-11は、沿岸部の被災地で震災廃棄物を処理している光景である。迷うことなく、多様な重機を自由自在に操りながら、運びやすく、圧縮していくことが一目でわかる。隣に積み上がっている各種スクラップも非常に安定しており、崩れたり、倒れたりしないように、工夫しているようにみえる。実は、真ん中に見える移動式圧縮機は、業界では運用することが非常に難しく、壊れやすいと言われている機械だが、ベテラン従業員の地道な稼働計画とメンテナンスで毎日休む暇なく働いていた。さらに驚くべきことは、この重機は、熊本県の在日同業者から送られたもので、素早い判断と行動が現場を動かす力になったことは言うまでもない。2016年に熊本地震が発生した時は、逆に東日本大震災の貴重な経験とノウハウが東北から九州に引き継がれ、熊本地震から発生した震災廃棄物の大半を処理して地元の復興に大きく貢献したのは、他の業者でもなくこの移動式圧縮機を送られた会社だった。これこそ仲間の強い絆が成し遂げた結果であろう。

図4-11　多様な重機を利用した震災廃棄物の処理光景[111]

111 Dust My Broom Project, http://dust-my-broom.jp/2011/09/

最終的に、東日本大震災から発生した震災廃棄物の多くを移動・保管・解体、そして、破砕・再資源化したのは、二つの大手在日廃棄物リサイクル業者だった。そして、熊本地震の震災廃棄物処理に大きく貢献したのも、在日廃棄物リサイクル業者だったことを考慮すれば、在日廃棄物リサイクル業者は震災廃棄物処理と再資源化に大きく貢献したといえる。津波による被災車輌だけではなく、福島原発爆発事故による被爆車輌までも処理しなければならない、厳しい状況の中で、両社の在日３世経営者は、筆者と連絡を取り合いながら、風評被害をはじめ、様々な環境およびビジネスリスクに屈せず、一日も早い被災地の復興のために、最大限の努力を続けていたことは確かである。東日本大震災が発生してから10年になろうとしているが、福島原発事故の処理と復興は終わりが見えない状況である。最近は原発周辺の建物と関連施設の解体が始められているが、この解体現場にも関西の大手在日リサイクル業者が中心的な役割を果たしている。

最近は地震だけではなく、大きい台風が発生し、洪水、土砂崩れ、風災の被害を受けている自治体が多く、各種災害による被災車輌の発生も年々増加している。「自動車リサイクル促進センター」は、今後、高い確率で発生すると予想される南海トラフ地震に備えて、２年前から地震や津波によって発生する被災自動車の適正処理と再資源化のための自治体向けのマニュアル（『被災自動車処理にかかわる手引書・事例集』）を作成して、自治体職員に対する講習会と図上練習会を実施している[112]。そして、昨年からは水害による被災自動車に関するマニュアル作成と講

112　公益財団法人 自動車リサイクル促進センター(2019) “大規模災害による被災自動車の適正処理に向けた自治体支援活動について”、「将来に伝えておきたい災害廃棄物処理のはなし」、国立環境研究所 災害廃棄物情報プラットフォーム、https://dwasteinfo.nies.go.jp/archive/interview/jarc.html

習会も行っている。これらのマニュアルは、前述した両社における東日本大震災の経験と教訓、実際の処理実績と事例、周知や広報方法などを参考にして作られている。筆者は、このプロジェク事業の現地調査に協力し、マニュアル監修者、講習会の基調講演者として参画しているが、両社の実績は各自治体職員教育の理解を高めるための重要な事例として取り上げられている。

4 二度の東京オリンピック

ほとんどの在日廃棄物リサイクル業者は、二度の東京オリンピックを経験することになる。戦前に創業していた会社は、1964年の東京オリンピックにはすでに大手製鉄会社との取引が始まっており、一定の恩恵を受けたと思われるが、戦後に創業した会社は、まだ本格的な投資を実施したわけではなく、静脈産業の会社としては発展途上の段階だったので、実際に東京オリンピックの恩恵を受けた会社は限られていたかもしれない。静脈産業にとっては、2021年に開催される予定の二度目の東京オリンピックの影響で、この数年間各種インフラ整備、老朽化した建物の建て替えなどが行われ、ビジネス環境がある程度好転していたことが推測できる。しかし、年々鉄スクラップの需要が増え続けていた、高度経済成長期に開催された1964年の東京オリンピックとは違って、57年ぶりに開催される2021年の東京オリンピックは、鉄スクラップのリサイクルだけではなく、都市鉱山（非鉄や貴金属類）にも注目している。

4.1 都市鉱山と金メダル

今回の東京オリンピックは環境配慮型オリンピック開催を標榜してい

るだけに、資源リサイクルについても強くアピールする必要があった。最も強い印象を与える資源循環は、金・銀・銅が使われるメダル作成を再生資源でまかなうというプロジェクトだった。通称「都市鉱山からつくる！みんなのメダルプロジェクト」である。「都市鉱山からつくる！みんなのメダルプロジェクト」とは、東京2020大会でアスリートに授与される金・銀・銅メダルについて、使用済み携帯電話、デジカメ、パソコン等の小型家電から金属を集めて製作するもので、2017年４月から2019年３月まで２年間に渡って実施した事業である。オリンピック・パラリンピックの金・銀・銅をあわせて約5,000個のメダルが授与されるが、昨年３月にこれらのメダル製作に必要な金属量を100％回収することができたという。その内訳をみると、全国参加自治体による回収（携帯電話を含む小型家電回収）が約78,985トン、NTTドコモによる回収（ドコモショップ約2,300店舗にて、携帯電話を回収）が約621万台であり、最終的に確保した金属量は、金が約32kg、銀は約3,500kg、そして銅が約2,200kgに上った。参加自治体数は1,621自治体までに増えて、全国の９割以上の市区町村が参加したことになる[113]。

図4-12 「都市鉱山からつくる！みんなのメダルプロジェクト」[114]

113　公益財団法人東京オリンピック・パラリンピック競技大会組織委員会(2019)「都市鉱山からつくる！みんなのメダルプロジェクト」について、https://tokyo2020.org/jp/games/medals/project/

114　公益財団法人東京オリンピック・パラリンピック競技大会組織委員会、https://tokyo2020.org/jp/games/medals/project/

前述したように「都市鉱山」という言葉は、我々の日常生活の中で使われている様々な製品の中に含まれている、所謂、貴金属、希少金属などの価値の高い資源を効率よくリサイクルし、限られた資源を有効に利用することである。東京オリンピックのメダルプロジェクトのように携帯電話、デジカメ、ゲーム機などの小型家電は、比較的にライフサイクルが短く、新しい製品が出てくれば、一つ前の商品が大量に廃棄されることもある。例えば、少し前まではガラケという携帯電話が主流であったが、最近はスマートフォンを使わない人はほとんどいない。また、自動車の音楽プレイヤーも2000年代前半まではCDラジカセが一般的だったが、MDプレイヤーやMPプレイヤーという新しい機器が発売したと思いきや、その数年後には、スマートフォンを車のスピーカーに繋げて音楽を楽しむようになったのである。10年もしないうちに次々と新しい製品が発売されることは、関連する経済活動を活性化すると同時に、大量の廃棄物が発生することを意味する。ところで、都市鉱山の主なターゲットとして注目されている携帯電話は、すでに2019年の全国登録台数が178,470,000台を超えて日本の総人口よりも多くなっているが[115]、平均的な使用年数は3.6年程度である[116]。

115　一般社団法人電気通信事業者協会、https://www.tca.or.jp/database/2019/

116　柿沼由佳(2016)“携帯電話の買替え周期から持続可能な社会を考える—紛争鉱物を使用する情報通信機器—”、「消費生活研究」、第18巻1号、http://nacs.or.jp/kennkyu/paper/%ef%bc%9c研究論文%ef%bc%9e携帯電話の買替え周期から持続可能/

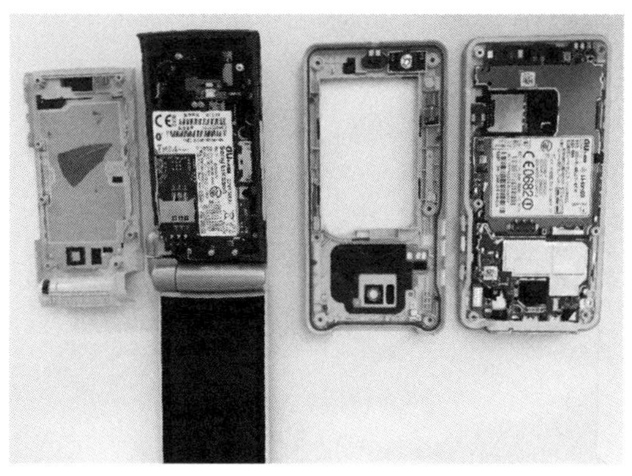

図4-13　携帯電話の内部構成（ガラケとスマートフォン）[117]

小型家電は建物や車のように、社会に資源が長期的に蓄積しないので、使用済み製品の回収効率を上げれば、資源循環効率が非常に良いと言える。問題は、使用済みの製品が自宅に退蔵されてしまい、資源循環のプロセスに戻ってこないことである。日本政府は、退蔵している小型家電を国内で再資源化していくツールとして、2013年から「小型家電リサイクル法」を施行している。ほとんどの天然資源を輸入に依存している日本にとっては、貴金属やレアメタル類の国内資源循環を促進し、資源の輸入量を減らした上、極力資源の海外流出を止めるためにも、「小型家電リサイクル法」の導入は重要であると考えたのである。しかし、この制度は、強制力がなく促進法という枠組みであることもあり、使用済み携帯電話、パソコン、デジカメなどの高品位小型家電の回収量は伸び悩んでいた。そこで、国民の関心が非常に高く、抜群の広報効果が見込められるオリンピックという大イベントに注目したのである。オリンピックメダルを自分が持っていた携帯電話で製作できることは、各家庭に退蔵していた小型家電を掘り出してリサイクル現場に投入する効果だけで

117　筆者撮影（岩手県）

はなく、国民全体の環境意識（リサイクル協力行動）を高める良いチャンスでもあった。実際は予想以上の時間（２年）がかかってしまったが、一応目標していた金・銀・銅は確保したため、プロジェクト自体は成功したと言える。しかし、この事実は「小型家電リサイクル法」が機能していなかったこと、国民の資源リサイクル協力行動には限界があることを反証している。

4.2 「認定事業者」の意味

そもそも「小型家電リサイクル法」は、「認定事業者」という仕組みがある。市町村が主体となって、回収ボックスや町内の集積所で小型家電の回収を行い、その後回収された小型家電の引渡しを受けることができるのが環境省・経済産業省から認定を受けた「小型家電リサイクル法」の「認定事業者」である。「認定事業者」は、適正なリサイクルを実施する者として、回収された小型家電から貴金属やレアメタルなどの有用資源を選別し、回収・再資源化している[118]。すなわち、廃棄物リサイクル業者だからといって簡単に「認定事業者」として認められることではない。有用資源の再資源化を行うための各種リサイクル設備を備え、リサイクル工程で発生する廃棄物を適正に処理し、自社だけではなく、関連業者（すべての取引業者）が国内資源循環を行ったことを証明しなければならない。それ故に、各自治体は地元の「地域特性」を生かそうと創意工夫を試みながらも回収量確保や市民への啓発に苦しんでおり、「認定事業者」は地元愛に溢れ「本業を生かして地域を良くしたい」と思いながらも、小型家電リサイクル制度の中で「認定」の意味に悩んでいる。循環型社会の構築のために必要なことは、家電メーカー、自動車メーカー、通信・情報サービス会社などの製造業・小売業といった動脈産業の

118　小型家電リサイクル認定事業者協議会、http://www.sweee.jp/

関与の強化を進めて行くことが肝要である。筆者の「認定事業者」のヒアリング調査の中で、国の「認定」を取ることで販路が国内に限定され、既存の資源循環スキームを生かせないため「認定」を取るメリットを感じられないとする認定事業者の回答もあった[119]。小型家電リサイクルの「認定事業者」は、各地域の有力業者が担っており、全国各地の在日廃棄物リサイクル業者の存在も大きく、回収率の向上とリサイクル制度の改善に向けて様々な努力をしている。

リサイクルビジネスとして利益が出ず、経営面のメリットがなくても、自治体の廃棄物行政を支援し、国内の都市鉱山（国内資源循環）を活性化するために努力する姿は、まさに地元愛、静脈産業に対するプライドの表れであろう。因みに、在日であるＳ社の社長は、「小型家電リサイクル認定事業者協議会」で中心的な役割を果たしており、2019年夏には、環境大臣と経済産業大臣に「小型家電リサイクル制度の見直しにおける意見・要望書」を提出した。

図4-14　小型家電から回収された電子基板[120]

119　齋藤優子・劉庭秀(2015)“日本における小型家電リサイクル政策の現状と課題―自治体および認定事業者の実態調査分析を中心に―”、Macro Review、28巻１号、日本マクロエンジニアリング学会誌、pp.1-12.

120　筆者撮影（新潟県基板ネットワーク）

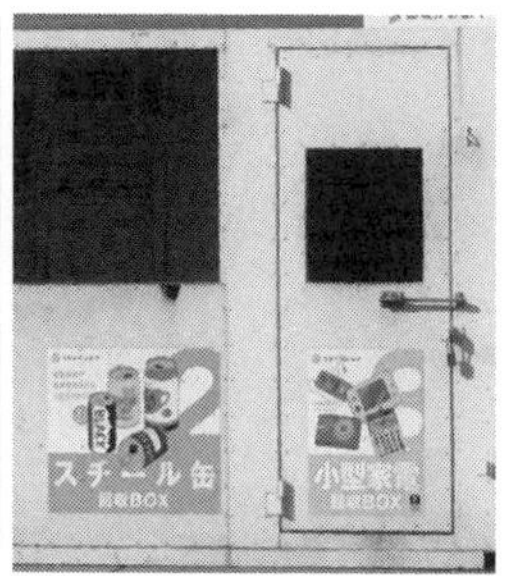

図4-15　小型家電回収ボックス[121]

5　舞台を広げて

本格的に鉄スクラップを海外に輸出することになってから、在日廃棄物リサイクル業者も、国内中心のビジネスから国際貿易に活躍の舞台が広がり始めていた。特に鉄スクラップの主な輸出先である韓国、つまり祖国との取引は格別な意味があったかも知れない。1990年代後半になると在日３世が大学を卒業して、少しずつ会社経営に携わることになるが、彼らが考える祖国は、お祖父さんやお父さんとは大分違うものだったと思われる。今も韓国籍のまま、会社を経営しているところもあるが、２代目社長から帰化したケースも多く、韓国の言葉や文化、歴史に触れる機会が少なくなった分、韓国との貿易は、祖国のための資源を輸出するというよりは、ビジネスの選択肢の一つに過ぎないかも知れない。実際、在日廃棄物リサイクル会社の中でも、海外輸出にはあまり関心がなく、日本国内の大手製鉄会社、製錬会社に原料を供給することにプライドを感じており、これらの会社との取引を優先する会社も多かった。逆に、韓国との取引にこだわっている会社もあり、同じ条件であれば、または、

121　筆者撮影（青森県・愛媛県）

少し悪い条件であっても、韓国の大手企業への輸出を重視する会社もある。特に、国内外の大手企業との取引の際、大手商社の力を借りず、直接納入や直接販売の権利、長期契約などを結ぶことを誇りに思うところも多い。

2005年の「自動車リサイクル法」の施行で、中高部品や中古車輸出などの分野に広がり、在日廃棄物リサイクル会社が自ら海外に進出する事例も増えた。しかし、海外進出先として韓国を選ぶ会社は少なく、在日が韓国国内で廃棄物リサイクル会社を設立して成功したケースは希である。一方、在日廃棄物リサイクル業者の中では、静脈産業ではなく、韓国の映画製作や音楽プロデュースなどのエンタテイメント事業を成功させた会社もある。

5.1　巨大中国市場と海外進出のリスク

非鉄スクラップに強みがあるＰ社の場合、人件費の関係で、日本ではリサイクルが難しい雑線を中国に輸出していたが、中国の廃棄物資源需要が非常に旺盛であることを察知し、中国本土に廃棄物リサイクル工場を構えた。2018年に中国行きの廃棄物資源輸出が難しくなるまでは、Ｐ社の雑線輸出量は、国内トップレベルだったが、このような実績をあげることができたのも、中国本土に自社工場があったからである。先見の明があったのか、Ｐ社は中国の廃棄物資源輸入禁止政策が発効される数年前に中国工場を閉鎖し、主に国内でのリサイクル事業を行っている。

中国は廃棄物資源のブラックホールとも言われる世界最大のリサイクルマーケットである。巨大中国市場を目指して、国内外のリサイクル工場を使い分けていたことは、先進的な取り組みだったかも知れない。モノを輸出するだけではなく、自ら現地で加工、生産、販売することは様々なメリットがあったと言える。その代わりに、政治や政策リスク、現地工場の経営リスク（雇用、ビジネス環境）、環境汚染のリスクなどがあったことは間違いない。実際、日本の同業者で中国に工場を構えた会社は多いが、これらのリスクに耐えられず撤退したところも多い。例えば、歩合制で雇用した従業員による盗難事故が多すぎて、在庫管理ができず、赤字規模が膨らみ過ぎて工場を閉鎖したケースもある。

図4-16　中国工場の雑線加工光景[122]

S社の場合、当時はまだ誰も進出したことのないアフリカの静脈産業を開拓するために、海外進出を決めたケースである。まだ日本の中古車が本格的に普及していなかった時代に、アフリカ諸国における静脈産業の先駆者になるために、アフリカのモザンビークに果敢な投資をして、新しいビジネス開拓に挑戦したのである。当初はJICAの海外支援事業の一環として進出を考えていたようだが、最終選考に選ばれず、単独投資で海外に出たという。言葉や食べ物、文化の違いはともかく、非常に治安が悪い国だったので、スクラップや中古車を保管するヤードには小銃を持った警備員が常駐する羽目になったというから、命がけの海外進

122　筆者撮影（中国上海市周辺）

出といっても過言ではない。実際、この会社の社長が、派手なスポーツウェアとランニングシューズを身につけてジョギングしていたら強盗に襲われそうになったという。従業員を常駐させたり、社長自ら頻繁に現地入りしたり、数年間かなり苦労したが、アフリカ諸国の静脈産業を立ち上げるには時期尚早だったのではないかと考える。しかし、アフリカに進出していた在日３世の社長は、今も開発途上国への進出を諦めていない。昔、在日が廃品回収業を始めた頃を考えれば、貧しい国にちゃんとした静脈産業を立ち上げることは、ビジネスとしてのメリットが少なくても、貧困や差別を無くすための手立てを提供したいという気持ちが強いからである。

日本国内の少子化・高齢化が進む中、静脈産業を巡るビジネス環境はそれほど明るくない。経済発展と人口増加が続いている開発途上国における新しいビジネスチャンスを求めるとともに、国際協力による技術移転、人材確保など、今後も海外進出へのニーズは高まることが予想される。つまり、国際協力という意味での海外進出への試みも見られる。

図4-17　JICA国際協力事業の調査と文化交流[123]

123　筆者撮影（モンゴル国）

Q社の場合、中国や韓国をはじめ、アジア各国から廃棄物の収集・運搬・加工・リサイクル・最終処分までのすべてのノウハウを丸ごと提供してほしいというオファーが絶えない。先方は、安易な考えですべてのプラント、マネジメントノウハウ、人材育成までをサポートする契約を求めてくるが、廃棄物リサイクル事業をそう簡単に軌道に乗せることはできない。恐らくこの会社には、毎年両国から数十人以上の視察オファーがある。Q社は、日本の国際協力機構（JICA）の国際協力事業として、モンゴルの鉄スクラップビジネスの基礎調査を行い、ベトナムの一般廃棄物の適正処理に関する調査や環境教育事業を支援するなど、より長期的な視点で、持続可能な廃棄物管理のための国際協力の構想を練っている。

韓国に進出するのではなく、自社の中古設備を販売し、そのノウハウを移転させた会社もある。D社は、大型シュレッダーを更新する際、長年大事に使っていた中古の大型シュレッダー一式を韓国の大手鉄スクラップ加工会社に販売した。韓国国内には、まだ大型シュレッダーが少なく、この設備を導入することによって、韓国のスクラップ会社は良質の鉄スクラップを生産し、大手製鉄会社に納入することができたという。

このように、在日廃棄物リサイクル会社は、鉄スクラップの国内販売や韓国とのビジネスにこだわることなく、様々な種類の廃棄物資源を扱うことになり、国内外における資源循環と流通、海外進出による開発途上国の静脈産業支援と育成、国際協力事業に参画しながら、持続可能な社会形成に向けて彼らの活躍舞台を広げ続けている。

第5章

世代交代と競争の激化

新たな連携・競争から共創へ

1900年代の初めに在日1世が渡日し、その一部が廃品回収業や古物商を始めてからすでに100年以上の年月が過ぎている。在日1世は儒教の思想や教育の影響で、先祖や祖国への思いが強く、常に母国への恩返し、または帰国を考えていたようである。しかし、日本で生まれた在日2世は、お父さんの影響が強かったものの、日本の教育を受けて日本の文化や生活に同化し始めていたこともあり、在日1世と同じ気持ちにはならなかったのである。

1　2世と3世経営者

橋本（2018）は、在日2世は旧植民地からの移住者である在日1世と、日本定住が自明になった後に生まれ育った在日3世との間にあって、過渡的で受動的な存在であると定義した。しかし、戦後から高度経済成長期に成長した在日2世は、日本社会の生活水準向上や日韓関係の大きなうねりを目撃したため、親との間には多くの点で重要な差異があったとし、在日2世にとって、親が生まれ育った環境と文化は、未知のものだったり、日本での社会生活には不利なものだったりしたと分析している[124]。竹中（2015）は、日本の外国人政策と在日韓国・朝鮮人の社会運動を時代別に区分したが、戦後から1965年頃までは「本国指向の自衛的な運動；民族教育や帰国運動」、1960年代後半から1970年代まで「定住化と権利獲得運動；日韓条約と法的地位」、1980年代は「住民としての権利獲得運動；指紋拒否と自治体施策展開」、1990年代からは「高齢化と戦後補償；参政権、無年金問題、文化交流」、2000年以降は「福祉；

124　橋本みゆき（2018）“貧困の語り 在日韓国･朝鮮人２世における生活文化の経験と（再）解釈”、「日本オーラル・ヒストリー研究」、第14号、pp.97-99.

高齢化孤立、介護保険問題」に整理している[125]。

在日廃棄物リサイクル業者の在日２世の社長は、先代が築き上げた事業基盤を元に会社として創業したケースも多く、今はほとんど忘れているが、民族教育を受けたため、母国語が話せたり、聞き取れたりする人も多い。また、複数の社長が帰国運動の際、北朝鮮への移住に迷っていたようで、この時期までは日本での定住も、企業としての成功にも確信がなかったはずである。但し、1960年代後半から日本での定住化が既定事実になったため、地元の企業として認められ、日本の企業として成功することだけを考えて努力し続けたのである。在日廃棄物リサイクル業者は、1970年代までの課題であった定住化や権利獲得には関心があったと思われるが、1980年代以降の社会運動には関心が薄れている。先祖の渡日時期が早かった場合、在日２世の社長も、在日１世と変わらぬ儒教的な思想を持っている。それ以外の在日２世社長の場合、自分が在日であることについて特別な思いや誇りを感じるわけでもなく、一体祖国は在日の自分に何をしてくれたのか、または自分は祖国のために何をすべきかについて複雑な心境を語りつつも、やはり在日１世の影響が強く、今も国籍を変えないまま、在日としての定住の道を選んでいるかもしれない。

在日１世の中では、日本の社会で成功を収めるために、高学歴を目指して一所懸命に勉強した人もいる。例えば、河（1998）の論文によれば、東京大学経済学部を卒業後、公認会計士試験に合格したにもかかわらず、会計士に登録できず、街金融で資本蓄積し、パチンコや焼肉などを展開する「光復産業」を起こした「廉泰泳」、早稲田大学法学部大学院を修了し、司法試験に合格したが、ジーンズ衣料品卸問屋業「金岡」を起こ

125　竹中理香（2015）“戦後日本における外国人政策と在日コリアンの社会運動”、「川崎医療福祉学会誌」、Vol.24、No.2、pp.132-137.

した「金鐘徳」、中央大学法学部卒業後、高等試験行政科試験に合格したが国家公務員に任用できず、ゴム靴製造業「香山ゴム」を起こした「李永秀」などを挙げている[126]。立派な会社に就職するか、専門職に就くために努力し続けていた在日１世は、平等な機会が得られず、就職差別を受けてしまったため、いわゆる「低ステータス産業[127]」を起業したことが多い。静脈産業も同じく「低ステータス産業」であったが、このような背景を持っている人は少ない。

在日２世もこのような傾向は変わらず、就職差別で「低ステータス産業」の起業を決心した人が多い。しかし、静脈産業の場合、在日１世が基本的な事業基盤を築いてから、在日２世が会社を設立した上、さらに在日３世が継続的に会社を経営しているケースが多い。ほとんどの会社は在日２世より、在日３世の時代になってから会社の規模が大きくなり、事業範囲も広くなる傾向があり、国際的な貿易や海外進出への関心も大きくなっている。

2 世代交代の波

世代が変わることによって、当然ながら祖国に対する思いは薄くなり、日本人と結婚する人、日本に帰化する人が増えており、言語や文化、生活面で日本人と全く変わらないと言える。しかし、在日３世には韓国人ということでイジメや差別を受けた経験を持つ人もいた。今回の調査では、静脈産業に携わっている在日３世は、大きく二つのパターンが見え

126　河明生(1998)“日本におけるマイノリティの「起業者精神」―在日一世韓人と在日二・三世韓人との比較―”、「経営史学」、33巻２号、pp.58-61.

127　同上】河は、上記の論文で、いわゆる3K（汚い、きつい、危険）産業を「低ステータス産業」として定義している。

た。仮に学校内でイジメや差別があったとしても、大半は負けず嫌いで、非常に成績が優秀で一流大学に進んだ人、成績も悪くなかったが、喧嘩が強く、周りから怖がられるような存在になった人がいる。前者は、大学で経営学や経済学を学んだ人が多く、留学経験があったり、スポーツ活動をしたり、専門知識や幅広い人脈を駆使し、経営手腕を発揮している。後者の場合、若い頃は暴走族だったり、少し悪いイメージが付くような行動をとったりしたものの、弱者を虐めたり、犯罪を起こすようなことはなかったという。むしろ海外で生活をしたり、異業種で多様な経験をしたり、大学に進学してからは社会と静脈産業との関係、国際関係、国際交流などを勉強した人が多い。このような経営者は、腰が低く、リーダーシップが強いので周りに好かれる存在となり、地元の廃棄物行政と他分野との連携が得意である。

また、在日３世の特徴としては、他の廃棄物リサイクル業者で研修を受けて様々なスキルとノウハウを身につけていることである（就職したケースもある）。同じ地域の業者ではなく、遠方の会社にお願いすることが多く、例えば、東北から関西、関西から東北の業者で修行したケースが多く見られるのは、地元のライバル社を避けていたのではないかと考える。しかし、在日業者での修行を固執することはなく、日本の大手リサイクル会社で研修を受けた人も多く、その後も非常に良好な関係を維持している。

例えば、Ｓ社の３代目社長は、大学に進学して鉄スクラップの国際資源循環に関する卒論を書きながら本業の国際化の課題とその重要性について詳細に分析したという。おそらく、鉄スクラップを韓国が購入し始めたことにも関心があったと思われる。さらに、大学卒業後は、自ら大型トラックを運転し、スクラップの営業、収集運搬、販売を経験しながら、経済理論と現実の乖離を縮めようとした。最近は、廃棄物リサイクル効率を高めるために、廃棄物として捨てられていた破砕残渣物、使用済み太陽光パネルなどから再生資源を回収するための装置開発と選別実験を続けている。静脈産業が「低ステータス産業」ではなく、「社会に必要な主要産業」として認識させるための努力であろう。

Q社は、二人の兄弟がいて、兄は大学で経営学を勉強して会社経営で力を発揮し、弟は機械工学を専攻し、各リサイクル工場の現場やエンジニアリング部門をしっかりサポートしている。二人は、名門私大の経営学部と旧帝大の工学部を卒業し、海外留学の経験もある。もちろん、英語力も非常に高く、兄は韓国だけではなく、中国、東南アジア諸国とのビジネスを自ら切り開いており、国際会議や学会で頻繁に発表を行っている。そして弟は、国際的な環境展、博覧会などに出向いて、最新のリサイクル設備を導入し、自社工場のプロセスを最適化するとともに、自らリサイクル設備を設計と開発をするなど、静脈産業の国際化と機械化を先導している。

T社の在日３世社長は、幼い頃は民族学校に通い、当時は周りの住民はほとんど同胞で、まるでどこかの韓国の街に住んでいたような気がしたという。現在も、この街には、「アリラン」、「オモニ」などのハングルの看板が目立ち、焼き肉、ホルモンをはじめ、キムチ、ナムル、お餅などの韓国家庭料理を売っている店が非常に多い。日本の大手造船所が立地しており、朝鮮半島から職を求めて渡日された人や徴用工として連れてこられた人の集団居住地だったことからこういう状況が続いている。この社長は小学校まで民族学校に通っていたので、幼い頃はハングルの読み書きができ、母国語も話せたという。途中で民族学校から日本の学校に転校してからは、しばらくイジメがあったものの、負けず嫌いで喧嘩が強かったし、在日が多い地域だったため、厳しい学校生活を送った記憶はあまりないという。それよりも父親との関係が悪く、大学卒業後、跡継ぎは一切考えず、静脈産業とは全く違う分野で活躍したのである。但し、違う分野といっても在日韓国人が経営している遊技業に勤務していたし、常に先祖や祖国に強い思いがあったらしく、一般的な在日３世とは少し違うところがあった。これは、生まれ育った地域や儒教思想、先祖をとても大事にしていた父親の影響があったと推察される。その現れは、父親が病気で倒れた時、全く交流をしていなかった実家に戻ってあれだけ嫌っていた跡継ぎを決心したことである。彼の心の底には、知らないうちに父親から伝わっていた儒教思想と祖国への思いがあったかも知れない。因みに、彼は父親が成し遂げなかった大きい事業展開に成功し、今はもはや日本の静脈産業をリードする存在となったのである。

最後に、プロ野球選手から廃棄物リサイクル業者、R社の３代目社長になった人もいる。彼は九州の野球名門高校の主将を務め、高校卒業後、プロ野球選手として活躍することが期待されていた。彼は期待通り、有名プロ野球球団にドラフト４位で指名され、プロ野球選手としての道を歩むことになる。彼がプロ野球選手になって町を出るときには住民達による大きな壮行会が開催され、彼の成功を祝うとともに心より応援したという。お祖父さんが何の当てもなくたどり着いた村で、地元の篤志家の手助けで鉄屑屋を起業し、地元の住民の支援で成功したように、彼も地元の誇りとして愛されていたかも知れない。引退後、彼は第３代目の社長として就任し、会社の再跳躍のために活躍し、大きい震災後の災害廃棄物処理にも大きく貢献した。この社長は日韓交流にも積極的で、同業者はもちろん韓国からも多くの視察団を受け入れている。

3 ビジネス環境の急変

3.1 経済成長の限界

図5-1は、日中韓の実質GDP成長率を示している。第３章で触れたように、日本は1990年代前半から鉄スクラップの自給率が100％を超えて海外への輸出が始まった。経済成長が続き、国内から一定量以上のスクラップが発生し、動脈産業におけるスクラップ資源需要があれば、時間差があるにせよ静脈産業も持続可能な成長、少なくても安定的な市場規模を維持することができる。バブル崩壊以来、日本の年間実質GDP成長率（IMF統計）は５％を下回っており、1997年のアジア通貨危機（－1.13％）と2008～2009年のリーマンショック（－0.12～－5.42％）に、マイナス成長率を記録した。韓国も1997年末の通貨危機によってIMFから救済を受けたため、1997年から1998年にかけて国家経済が大きい打撃を受けた（－5.47％）。韓国は1990年代後半のアジア通貨危機、日本は2000年代後半のリーマンショックの際にGDP経済成長率の落ち込みが激しいことがわかる。

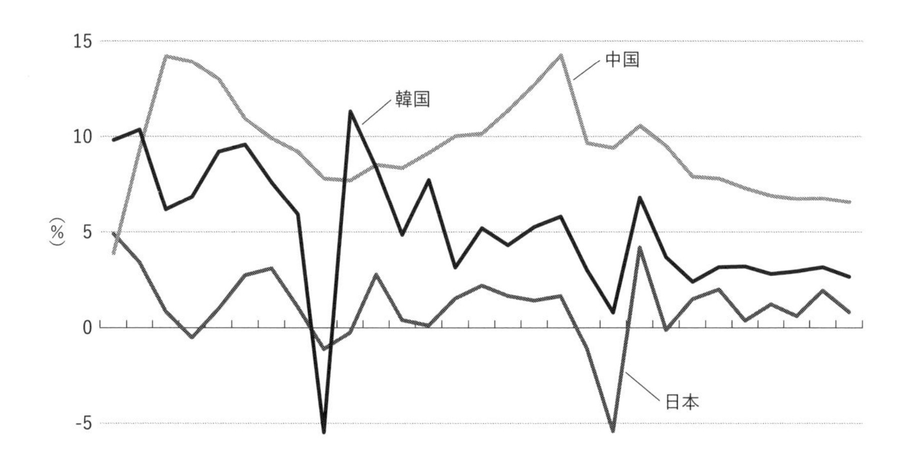

図5-1　実質GDP成長率の推移[128]

図5-2は一人あたり年間ゴミ排出量を示しているが、アメリカの排出量は750kg/年前後で最も多く、続いてドイツ、イタリアなどのEU先進諸国が500～600kg/年である。これに対して日韓両国は400kg/年であり、1995年以降ほぼ横ばいである。一方、中国は、まだ100kg/年前後であり、今後の増え続けることが予想される。このように日韓はこれからも持続的な経済成長や廃棄物発生増加が見込めない状況である。

128　資料：GLOBAL NOTE　出典：IMF

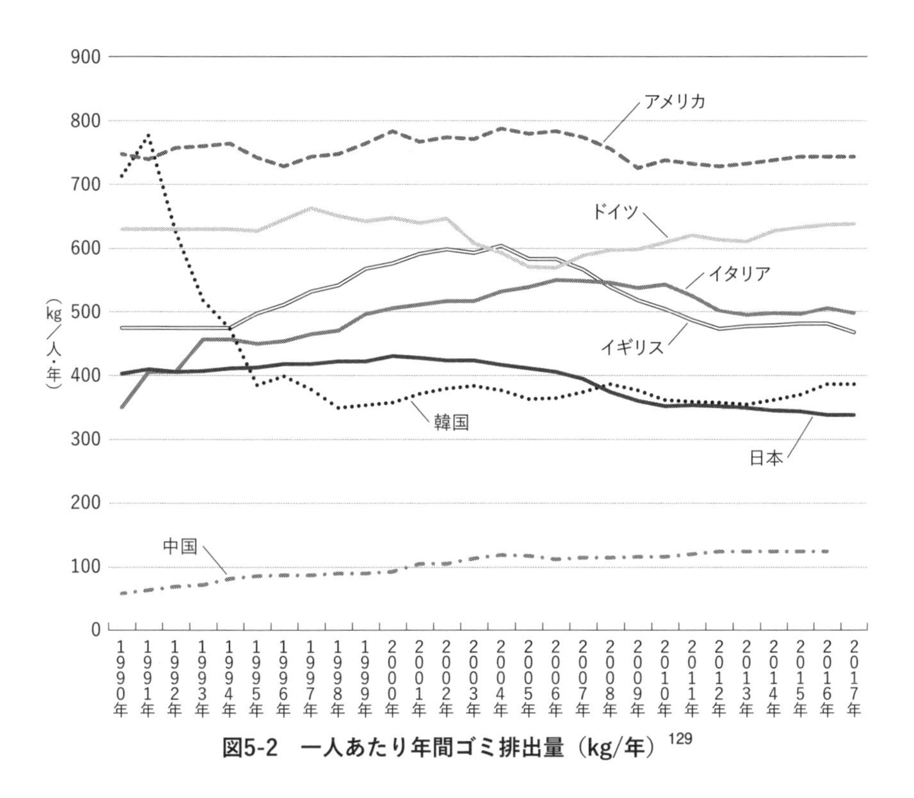

図5-2　一人あたり年間ゴミ排出量（kg/年）[129]

3.2　少子化・高齢化

日本は高度経済成長期、バブル経済を経験してからは長い不況のトンネルに入っていた。最近は就職率こそ高いが、高齢化、少子化の波は避けられなくなっている。経済成長が停滞し、人口減少、高齢化が進めば、資源の消費量も減少するが、それに伴って廃棄物の発生量も減少することが予想される。建物については、その影響が出てくるのは数十年先、自動車が十数年先になるが、家電製品、携帯電話などの影響は数年後に迫られることになる。つまり、先進国における経済成長の鈍化、少子化、

129　資料：GLOBAL NOTE　出典：OECD

高齢化の進行は、動脈産業だけではなく、静脈産業にも大きい影響を及ぼす。

表5-1は世界各国の平均年齢の時系列データである。いわゆる先進国と呼ばれる国々は、1975年頃から平均年齢が30歳代になり、2020年現在では50歳代に近い状況である。日本は戦後の1950年の平均年齢は22.3歳であり、世界71位だった。それが1975年には30.3歳（世界26位）、1990年は37.3歳（世界３位）、1995年には39.3歳までに上昇して世界１位になった。1975年から約20年間、急速に高齢化、少子化が進んでいることがわかる。また、1995年から現在に至るまで世界１位の座を譲っておらず、2020年現在の平均年齢は48.3歳である。一方、韓国の平均年齢は、戦後直後の1950年にはわずか19歳（世界145位）、その後朝鮮戦争の影響もあり、1975年まで20歳を下回っていた。2015年になってから平均年齢は40.7歳に上昇し、世界31位になった。しかし、この時期から韓国の少子化、高齢化が急速に進むことになり、現在は世界15位レベルで、平均年齢は43.7歳まで伸びてイギリス、フランス、オーストラリアを上回っている。特に日韓両国の出生率は、世界的にも最低レベルであり、2017年を基準に韓国は7.0％（世界210位）、日本は7.6％（世界207位）である。

このように、日韓の社会経済状況は類似な傾向を見せ始めており、特に韓国の少子化は社会問題化している。少子化・高齢化による購買力低下、車離れ、所有からシェアリング（共有）の社会に移行すれば、いずれ動脈産業だけではなく静脈産業の規模と潜在力は小さくなると思われる。両国は鉄スクラップを中心に活発な国際資源循環が行われていたが、国内外における廃棄物処理、リサイクルマーケットの縮小は避けられない。

表5-1　世界各国の平均年齢の推移[130]

区分	1950年	1955年	1960年	1965年	1970年	1975年	1980年	1985年	1990年	1995年	2000年	2005年	2010年	2015年	2020年
イギリス	34.9	35.1	35.6	35.1	34.2	34.0	34.4	35.4	35.8	36.5	37.6	38.7	39.5	40.0	40.5
インド	21.3	20.7	20.2	19.6	19.3	19.7	20.2	20.6	21.1	21.8	22.7	23.8	25.1	26.8	28.4
インドネシア	20.0	20.4	20.2	19.4	18.6	18.5	19.1	19.9	21.3	22.8	24.4	25.6	27.2	28.5	29.7
オーストラリア	30.4	30.2	29.6	28.3	27.4	28.1	29.3	30.7	32.1	33.6	35.4	36.5	36.8	37.2	37.9
韓国	19.0	18.9	18.6	18.4	19.0	19.9	22.1	24.3	27.0	29.3	31.9	34.8	38.0	40.8	43.7
中国	23.9	22.2	21.3	19.8	19.3	20.3	21.9	23.5	24.9	27.4	30.0	32.6	35.0	36.7	38.4
ドイツ	35.2	34.5	34.7	34.3	34.2	35.4	36.5	37.2	37.6	38.4	40.1	42.1	44.3	45.9	45.7
日本	22.3	23.6	25.4	27.2	28.8	30.3	32.5	35.0	37.3	39.4	41.2	43.0	44.7	46.4	48.4

3.3　海外企業の日本進出

日本の廃棄物行政の歴史をみても、廃棄物の適正処理とリサイクルは、地域や国内処理、国際資源循環を基本としていた。まずはごみの衛生処理と減容化し、最終処分量を最小にする、そして、資源物はリサイクルを推進することである。極端に言えば、処理コストが高かったり、汚されたり、混合物については焼却処理を好み、資源物も価値の高いモノは国内リサイクル、汚いモノや価値の低いモノは海外輸出という選択をしてきたのである。さらに、大量生産・大量消費の社会システムを変えることが難しく、廃棄物の適正処理やリサイクルシステムは構築されているものの廃棄物の発生量は横ばいの傾向が続いており、リサイクル率も低迷している。

3.3.1　中古車と中古部品

筆者が日本の静脈産業に外国系の廃棄物リサイクル業者の存在感が大きくなったと感じたのは、2005年前後である。日本の「自動車リサイク

130　資料：GLOBAL NOTE　出典：国連

ル法」が施行されてから、今までは廃車として扱われていた車が、中古車として認識始められたのである。日本で発生する使用済み自動車は、非常に状態が良く、ほとんどの車はエンジンが掛かり、見た目も綺麗な状態を保っている。海外における日本車のイメージは、故障しない、丈夫である､中古部品やコピー品など修理のための部品調達が容易である、といったところである。つまり、貧しい国の人々からすれば、安く日本車が買えれば、移動手段だけではなく、スモールビジネスを営むチャンスも広がるのである。日本の自動車リサイクル法は廃車を解体し、適正処理した上、再資源化するプロセスをモニタリングするシステムであるため、海外のバイヤーからすれば、まだ走れる車を解体してしまうよりは、中古車として仕入れたくなるのは当たり前かも知れない。この時期から海外の中古車バイヤーが日本の中古車オークション会場に出入りするようになり、今も通常の中古車とは別に日本国内では買い手が見つからなさそうな低価格の中古車が海外に大量に輸出されるようになった。また、事故車を始め、解体工場でリサイクルされる車から中古部品を仕入れて海外に輸出する海外バイヤーが日本国内に定着したのもこの時期である。ところで、自動車関連のリユースについては、国内業者との競争が激しくなったというよりは、日本国内では販売しづらい中古車や中古部品を買ってくれる存在なので、むしろ共存することができたと言える。また、外国バイヤーから外国のマーケットを理解することになったため、自ら海外に進出するケースも増えたのである。在日廃棄物リサイクル業者の中にも、外国との取引と連携が増えたことで、ミャンマー、ニュージーランド、フィリピン、マレーシア、ベトナムなどの海外調査を始めており、すでに現地法人を構えた会社もある。

図5-3　海外中古車市場に並んでいる日本車[131]

図5-4　海外バイヤーによる中古部品輸出[132]

131　筆者撮影（モンゴル、ウランバートル市）

132　筆者撮影（宮城県）

3.3.2 中国系業者の脅威

今まで日本から大量に発生する廃プラスチック類、雑品類（電子基板類、小型家電類、廃プラ、電線類、非鉄スクラップなどが混ざっているもの）などの大半は中国を始め、東南アジア諸国に資源として輸出していた。これらの廃棄物資源を輸入して中国国内で加工、資源化していた中国の廃棄物リサイクル業者にとっては、日本国内で直接廃棄物資源を仕入れた方が収益性を高められる。もちろん、アメリカという廃棄物資源大国から輸入することもできるが、輸送距離や時間を考慮すれば、アジアの隣国である日本のマーケットに魅力を感じたはずである。非鉄スクラップ、雑品類を輸入していた中国の企業が、潤沢な資金力を武器に、日本の静脈産業に本格的に進出したのは2010年以降ではないかと考える。最初は、電子基板類、パソコン、プリンター、コピー機などを収集し、中国人従業員が精緻な解体を行ってから中国に輸出していた。また、品位の低い非鉄スクラップ、ミックスメタル、雑品類を大量に購入し、大型船舶で数千トンの廃棄物資源を中国に送った上、現地で選別加工作業を行っていた。日本の静脈産業が扱いにくい商品を中心に隙間産業を狙っていたと思われる。ところで、数年も経たないうちに、鉄スクラップをも扱うようになり、日本の鉄スクラップ業者にとっては強力なライバルとして浮上したのである。狭いスクラップヤードに2,000～3,000トンの鉄スクラップを扱っていた業者は、すぐに全国的にヤードを展開し、韓国や東南アジアの製鉄会社に毎月数万トンの鉄スクラップを輸出するようになった。このような大手会社が登場するまでは、日本進出から10年もかからなかったのである。

図5-5　中国系業者の鉄スクラップヤード[133]

図5-6　中国系業者の雑品類ヤード[134]

このように中国系の廃棄物リサイクル業者は、豊富な資金力と華人ネットワークを上手に利用しながら、多様、かつ多種の低品位廃棄物を扱うことで、日本の静脈産業における存在感を増していた。在日廃棄物リサイクル業者とは成り立ちが全く異なるが、中国系業者は、在日系業者の成功に注目していたようで、大手在日廃棄物リサイクル業者の近所にスクラップヤードを構えて、全面対決の姿勢を見せている業者も多い。大手在日廃棄物リサイクル業者の本社の真向かいや隣の敷地を買収して

133　筆者撮影（埼玉県）

134　同上

営業している企業も多く、少しでも高い買取価格を設定したり、24時間営業を実施したり、現金買取など攻撃的な営業スタイルで、取引先を奪っているという。このように在日のビジネス環境はますます厳しい局面を迎えることになった。

3.3.3 中国・東南アジア諸国の環境対策強化

2017年12月、宮城県は全国で初めて中国の廃棄物資源輸入規制に備えるための緊急セミナー（宮城県「廃プラ中国輸入ストップ緊急対策セミナー」）を開催した。中国が2018年から資源ごみの輸入を、禁止することをWTO（世界貿易機構）に通達したことを受けてこれから予想される悪影響、特に不法投棄を懸念していたわけである。筆者は、このセミナーで「中国の輸入規制措置の経緯と概要」を題に基調講演を行ったが、200人募集のセミナーに２倍以上の申込者があり、別室に講演映像を中継するほどだった。当時は、まず中国の廃プラスチックの輸入禁止によって日本国内から発生する廃プラスチックが行き場を失い、結果的に不法投棄に繋がるのではないかという危機感があった。実際、2018年１月から中国政府の廃棄物輸入禁止が始まり、全国の各自治体は、廃プラスチックの国内処理とリサイクル対策に追われることになった。さらに、６月からは、廃プラの海洋汚染、マイクロプラスチック問題などが国際環境問題として認識され、毎日のようにこの問題がメディアで取り上げられた。

中国は1980年代から30年以上、世界各国から廃棄物資源を「資源ごみ」として輸入・加工してきた。海外から輸入してきた廃棄物資源を広東省、浙江省、山東省、天津市などの沿海部で加工処理した。中国内の生産原料不足、原油輸入節減、安価な資源確保、安い労働力、旺盛な資源ごみの需要、低品質の製品需要が廃棄物資源輸入を加速させた。中国は国際的に最も主要な廃棄物資源の輸入国であり、2017年までは世界の廃棄物資源の56％を輸入していた。しかし、廃棄物資源を輸入・加工していた零細企業の劣悪な労働環境、低賃金、深刻な環境汚染、住民の健康被害などが社会問題化した[135]。中国政府は、首都圏の深刻な大気汚染、健康被害などをこれ以上放置することができず、国内では厳しい環境汚染規制、国際的には廃棄物資源の輸入禁止に踏み切った。特に、廃プラスチックに関しては、アメリカと日本が主な廃棄物輸出国であり（図5-7）、中国の廃プラスチック輸入禁止政策は、両国の廃棄物行政と静脈産業に大きい影響を与えた。今まで中国への輸出に依存していた日本の静脈産業は、輸出先をタイ、ベトナム、マレーシア、フィリピンなどの東南アジア諸国に移行したが（図5-8）、これらの国も、自国の環境汚染を恐れて廃棄物資源の輸入禁止策を打ち出しており、インドネシア、カンボジア、スリランカでは、有害廃棄物や電子廃棄物の混ざっているコンテナの輸出国へのシップバック（積み戻し）が続いている[136]。

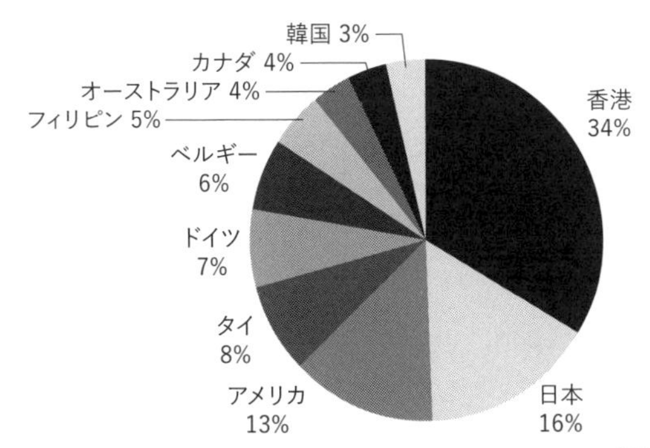

図5-7　中国の主な廃プラ輸入国[137]

135　劉庭秀（2018）“中国の廃棄物輸入禁止政策の影響とその対策”、『平成30年度セミナー：廃プラ輸入禁止と再エネの展望』、宮城県環境事業公社、pp.7-13.

136　日本経済新聞、「違法ごみ返送、アジアで広がる 大量流入で強硬姿勢」、2019年７月27日付

137　出典：中国税関統計、筆者が修正

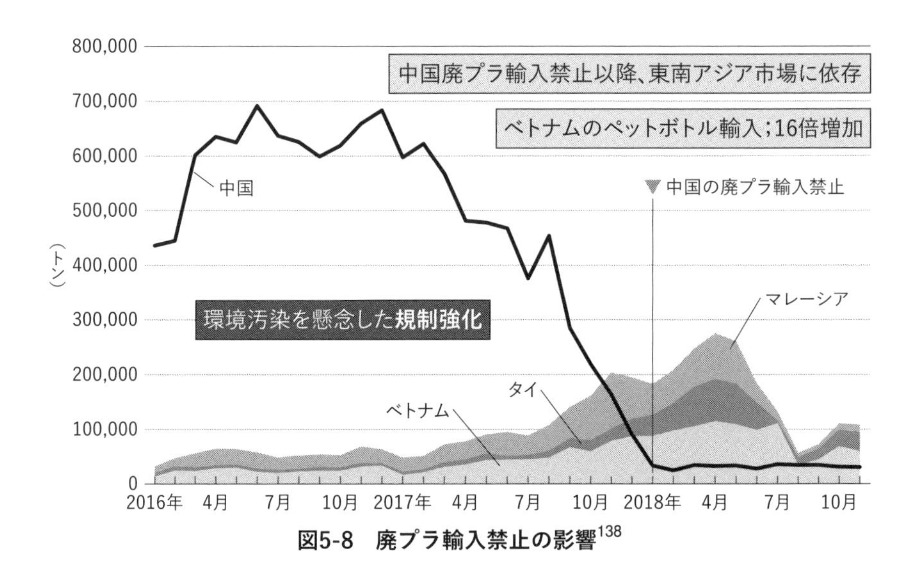

図5-8　廃プラ輸入禁止の影響[138]

先進国が開発途上国に、資源という名目で廃棄物（廃棄物資源としての価値が低く、国内処理にコストが掛かり、収支が合わないもの）を押しつけることは絶対あってはならないことである。結局、30年以上に渡って、売り手と買い手のニーズが合致し、環境汚染を無視してきたのである。ようやく、歪んでいた国際資源循環を正せる機会を得たことで、日本をはじめとする先進国は、廃棄物の適正処理とリサイクルの方針に転機を迎えている。そして、日本から廃棄物資源を輸入できなくなった海外企業（主に中国）の日本進出も目立つようになった。日本国内で廃棄物資源を集荷し、選別、加工、再資源化の後、高品質の再生資源を自国に輸出するプロセスを確立し、厳しい経済状況の中でも、戦後在日廃棄物リサイクル業者がそうしたように、海外業者も大型設備投資を積極的に行っている。日本の静脈産業は、海外の廃棄物資源の輸入禁止、海外企業の日本進出という二重苦に苦しんでいる。

138　出典：Green Peace、筆者が修正・加筆

3.3.4　巨大環境ビジネス企業の出現

海外企業の進出と言っても、中国系の廃棄物リサイクル業者とは別に、国際的な環境ビジネスを展開している巨大企業の日本進出も話題になっている。例えば、水メジャー最大手であるフランスのヴェオリア・ウォーターの日本進出が話題になっている。ヴェオリア社はコーポレート機能を持つヴェオリア・ジャパン株式会社と、オペレーションを担う複数の事業会社で「水」、「廃棄物」、「エネルギー」の３事業を展開している。例えば、この会社のホームページには、下記のような実績が掲載されている[139]。

・2016年５月、静岡県富士宮市と「災害時等における水道の応急対策活動に関する協定」を締結

・2018年４月、浜松市公共下水道終末処理場（西遠処理区）運営事業の開始

・2019年４月、豊田通商株式会社、小島産業株式会社と共同で、使用済みプラスチックを再資源化する日本最大級のリサイクルプラスチック製造会社を設立

・青森県平川市、岩手県花巻市の２箇所のバイオマス発電所の運転維持管理契約を締結

即ち、災害対策はもちろん、水、廃棄物、エネルギー関連のビジネスを幅広く展開しており、下水処理、廃棄物の適正処理とリサイクル、廃棄物焼却とエネルギー回収など、静脈産業にも深く関わっている。

ヴェオリア・ウォーター社を傘下に持つのがヴェオリア・エンバイロメント社である。ヴェオリア・エンバイロメント社は、傘下に水事業を手掛けるヴェオリア・ウォーター、廃棄物処理を手掛けるヴェオリア・エンバイロメント・サービス、エネルギー事業を手掛けるヴェオリア・

139　ヴェオリア、https://www.veolia.jp/ja

エネルギー（Dalkia）、公共事業を手掛けるヴェオリア・Transdevという4つの会社になっている[140]。年間売上高は259億ユーロ（約3,115,403百万円）に上り、従業員数は17万1,495人に上るため、日本の最大手廃棄物リサイクル企業とは比較ができない規模である。在日廃棄物リサイクル会社の中には、ヴェオリア社と資本提携と業務提携を結んでいる会社もあるが、巨大企業の日本進出は、在日廃棄物リサイクル業者にとっては、中国系企業とともに新たな脅威である。しかし、このような動きは、日本の静脈産業の体質を変えるとともに、新しいビジネス展開のための転機になるかも知れない。

4　新たな連携

上述したように、静脈産業を巡るビジネス環境は、多様化・複雑化・国際化しており、国内外の社会、政治、経済状況が急変しているだけではなく地球環境問題への対応にも追われている。日本の静脈産業の創始期から重要な役割を果たし、この業界の発展と成長をともに歩んできた在日廃棄物リサイクル業者は、日本の静脈産業の変革と再編に向けて、多様な利害関係者との連携、新たな共創のために努力している。

4.1　産学官連携

最近の廃棄物処理及びリサイクル事業は、肉体労働や手選別のような単純作業ではなく、膨大な情報とデータを分析し、最新のビジネス及びロジスティックスツール、高度のリサイクル技術を駆使している。各部

140　長沢伸也・今村彰啓(2014)“水ビジネスの現状と課題―ヴェオリア社のビジネスモデルを中心に―”、『早稲田国際経営研究』、No.45、早稲田大学WBS研究センター、pp.140-143.

署には熟練した経験者と専門家が配置され、ビジネス効率向上と環境負荷の削減のために、大学や自治体との産学官連携、共同研究、社会実験を実施している。

4.1.1　社会実験

C社の場合、小型家電リサイクル法が実施される前、工場が立地している自治体との連携を通して、大学と共同で社会実験を行った。制度実施の前は、住民の排出行動、自治体の協力体制、使用済み小型家電の排出量と組成などを把握することできず、リサイクル制度が先行するような形であった。地元の大手会社であるC社も、いくら自治体の要望があったとしても認定業者としてのメリットとデメリットを把握した上、どのような体制で参画すべきかを決めなければならない。また、大学としても、制度実施の妥当性、都市鉱山としての価値などの環境影響評価を行うための貴重なデータが収集でき、最終的に政策提言の重要な根拠を作ることができる。地方中小都市のS市は、雪が多く、高齢化が進んでいるが、今も〈埋立ゴミ〉という分別ルールがあり、使用済み小型家電は埋立ゴミとして排出される。また、比較的に家が広く、保管場所もあるので、纏まったごみを車で捨てに来る人が多いことも特徴である。この市で社会実験を行った結果、他の自治体に比べて多量の小型家電が排出されることがわかった。また、携帯電話、ゲーム機、デジカメなど、いわゆる高品位小型家電の排出量も平均を上回っており、住民への周知と広報、環境教育、回収・運搬・選別・解体・リサイクル方法を工夫し、小型家電以外の粗大ゴミを合わせて処理すれば、都市鉱山としてのポテンシャルを引き出すことができる。これらの社会実験結果は、学会発表や論文投稿が行われ、関連学会と協会、各自治体から高い関心が寄せられた[141]。この社会実験は、廃棄物リサイクル業者だけではなく、自治体、大学、小型家電認定業者（商社）、製錬会社（再資源化）の産学官連携によるものであり、小型家電リサイクル制度の課題と可能性を判断するのに重要な示唆を提供したと言える。C社の場合、この社会実験結果を受けて、認定業者をサポートする立場で、小型家電リサイクル制度運用に参画していたが、現在は自ら認定業者になり、自治体、量販店、独自回収ルートを組み合わせた形で回収効率を上げている。

図5-9　小型家電リサイクルの社会実験の様子[142]

4.1.2　共同研究

近年、二酸化炭素の削減、再生可能エネルギーの有効利用、廃プラスチックのリサイクルなど、政府だけではなく、自治体による産学連携補助金や共同研究事業が増えている。しかし、廃棄物リサイクル会社がこれらの補助事業や研究費応募に必要な書類作成や研究者を確保すること

141　①齋藤優子・劉庭秀・安東元吉(2012)“小型家電リサイクルの妥当性分析—酒田市の社会実験結果を中心に—”、日本地域政策学会第11回全国研究大会資料集、pp.30-31 ②齋藤優子・劉庭秀(2013)“小型家電リサイクル制度導入の妥当性分析—山形県酒田市における実態調査を事例として—”、Macro Review、Vol.25 No.2、pp.25-28 ③Yuko Saito, Jeongsoo Yu(2014)“Study on the Application of Used Small-sized Home Appliance Recycling Policy: Comparative Analysis of the Welfare-base Collaboration Projects between Japan and Korea”、7th Asian Automotive Environmental Forum Guidebook, pp.60-64.

142　筆者撮影（山形県酒田市）

は容易ではない。

在日廃棄物リサイクル企業の中には、各省庁や自治体の研究事業を申請することだけではなく、自ら共同研究プロジェクトを立ち上げるなど、産学連携による共同研究を行っている会社もある。今回のインタビューでも複数の会社が産学連携による共同研究を実施していた。ここでは、筆者が東北地方で実施した産学連携の共同研究を中心に紹介する。

Ｐ社は、自動車リサイクル法が施行されてから本格的に使用済み自動車のリサイクル事業を始めた企業である。使用済み自動車が解体工場に入庫すると、必要な中古部品を外し、廃液、廃油、バッテリー、タイヤなどを除去してから重機でアルミ、銅、車軸などの再生資源を回収すれば、車体と残り（プラスチック、ガラス、シートなど）はキュービック状に圧縮され、鉄スクラップの破砕業者に送られる。一般的に破砕業者は、破砕残渣になるものが多ければ多いほど買取価格を下げる傾向がある。主に非鉄スクラップを扱うＰ社としては、破砕残渣になるものを少しでも減らして資源化できる方法はないか、すべての解体工程をモニタリングして資源リサイクルに無駄をなくすことができないかという疑問があった。この問題を解決すべく、東北大学との共同研究を行いながら、宮城県の補助金を利用して廃プラスチックの有効利用方法とモニタリングシステムを開発し、これらの成果を「東北大学100周年記念行事」においても紹介した。Ｐ社は世界的な問題になった廃プラ問題解決にも高い関心を示しており、昨年から分野横断的な産学連携（電波工学・資源リサイクル工学・環境学）に取り組んでいる。

図5-10　共同研究による自動車解体の様子[143]

図5-11　東北大学100周年記念事業の展示（2007年８月）[144]

Ｑ社も産学連携に非常に積極的な会社である。震災直前に東北大学との産学連携協定を結び、リサイクル技術開発というよりは、廃棄物処理とリサイクルが社会、経済、環境に与える影響を明らかにするとともに、それを社会に幅広く発信すること、そして、次世代のための環境教育を実施していくこと、さらに異分野との連携（芸術とリサイクル）を通して地域社会に貢献することを目的としていた。この産学連携には、東北大学のみならず、写真家の菅原一剛氏、東京芸術大学などが参画している。すなわち、今までの産学連携とは少し方向性が異なる内容だった。しかし、Ｑ社と東北大学の産学連携を発表して１ヶ月も経たないうちに

143　筆者撮影（宮城県栗原市）

144　筆者撮影（東北大学片平キャンパス）

東日本大震災が発生したのである。すぐに研究対象を震災廃棄物の適正処理と再資源化、被災地の復興支援、復興教育などに切り替えて、リサイクルの視点から東北の再生を考える「Dust My Broom Project」を立ち上げて様々な社会貢献活動を行った[145]。主な共同研究のテーマとしては、①震災廃棄物の適正処理[146]、②次世代自動車の普及に伴う電装品リサイクルの妥当性分析[147]、③環境教育のあり方と重要性[148]、④次世代自動車の普及とリサイクル[149]、⑤中古車輸出と資源・環境問題[150]に関する研究などが挙げられる。特に⑤の研究成果は、Q社と一緒に実施したJICAの国際協力事業と密接な関係がある。

4.2 社会貢献の新しい形

在日1世が祖国への恩返しに執着していたことに対して、在日2世は祖国だけではなく、地域社会にどのように恩返しをすれば良いか迷いがあったかも知れない。それに対して在日3世は、国籍への執着がそれほど強いわけではなく、ほとんど日本人として生きており、すでに帰化した人も多いため、祖国への恩返しというよりは、地元、日本社会、または国際社会への貢献を考えるようになった。

---

145 Dust My Broom Projectの活動内容は、次のサイト（http://dust-my-broom.jp/）参照されたい。

146 劉庭秀・齋藤優子(2013)“宮城県における災害廃棄物処理に関する比較分析—被災自治体のヒアリング調査から見えてきたもの—”、『都市清掃』、Vol.66、pp.211-217.

147 Jeongsoo Yu, Yuko Saito(2014)“Current Status and Issues in Collecting Precious Metals and Other Materials from ELV（End-of-Life Vehicles）in Japan”, 7th Asian Automotive Environmental Forum Guidebook, pp.14-17.

148 劉庭秀・齋藤優子(2015)“廃棄物行政における環境教育のあり方—復興教育支援事業を事例に—”、『第36回全国都市清掃研究・事例発表会講演論文集』、pp.51-53.

149 王爍堯・Erdenedalai Baatar・劉庭秀(2016)“次世代自動車普及政策の変遷要因と課題分析”、『第16回日本地域政策学会全国研究大会資料集』、pp.26-27.

150 劉庭秀・バートルエルデネダライ・王爍堯・劉暁玥(2019)“モンゴル国における廃棄物の不適切処理とエネルギー貧困の問題—遊牧民の自動車用バッテリー使用状況を中心に—”、『日本地域政策学会第18回全国研究大会発表要旨集』、pp.32-33.

上述のQ社は、東日本大震災直後から震災廃棄物処理が終わるまで、被災地の被害状況と復興プロセスを積極的に社会に向けて発信し（報告会・トークショー・展示会開催）、文部科学省の復興教育支援事業として被災地の小学校の環境教育に携わってきた。Q社はまた、被災地でシャボン玉イベントを実施して被災地の子どもと被災者との交流を続けている。これらの活動は、廃棄物リサイクルをテーマとしている学会も注目し、日本廃棄物資源循環学会、日本地域政策学会、日本マクロエンジニアリング学会などにも紹介された。特に韓国資源循環リサイクリング学会では特別セッションの特別講演に招待され[151]、韓国ソウル市で活動報告展示と報告会を開催することができた。また、G社は、スポーツを通じた社会活動を展開しており、日本ラグビー界発展の支援および将来を担う子どもたちの健全育成の支援を行っている。さらにラグビー女子日本代表（サクラフィフティーン）、並びに女子セブンズ日本代表（サクラセブンズ）のオフィシャルスポンサーでもある。

図5-12　震災廃棄物処理と共同研究の報告会（日本・韓国）[152]

151　劉庭秀・安東元吉・齋藤優子・小笠原渉(2014)“産学連携を通したリサイクル業界の社会貢献活動”、「第42回韓国資源リサイクリング学会年次大会発表論文集」、pp.2-8.

152　東北大学劉研究室撮影（右から２番目は韓国資源リサイクリング学会名誉会長 呉在賢 延世大学校名誉教授）、Dust My Broom Project, http://dust-my-broom.jp/（東北大学川内キャンパス、韓国ソウル市内）

図5-13　復興教育支援事業（環境教育の出前授業）[153]

図5-14　被災地のシャボン玉イベント[154]

また、S社も地元小学校で定期的に出前授業を実施し、環境教育プログラムを運用している。地元国立大学との共同研究、資源リサイクル分野の最先端研究を取り入れたリサイクル技術開発にも積極的に取り組んでいる。この取り組みは、S社の社長が実施している地元商工会議所の環境政策提言活動の延長線であり、社長自ら地元の小中学校に出向いて環境教育の出前授業を実施し、生徒達を工場見学に招いている。

153　東北大学劉研究室撮影、Dust My Broom Project, http://dust-my-broom.jp/（宮城県気仙沼市、石巻市）

154　Dust My Broom Project, http://dust-my-broom.jp/（宮城県気仙沼市、岩手県山田町）

図5-15　S社の環境教育コース[155]

5 競争から共創へ

先祖が廃品回収業や鉄屑屋を始めた頃には、会社は生きるための生計手段であり、日本社会で生き残るために必死で働いていた。また、他社より、もっと遠いところまで営業に行き、お金が貯まればトラック購入や設備投資をしてより効率を高めようとしていた。まさに競争に勝つために努力していたが、過酷な競争の中でも国籍を超えて同業者と助け合うこと、祖国への恩返しだけは忘れずにいた。しかし、在日１世や２世の無条件的な母国愛、一方的な支援とは違って、在日３世の社長は、祖国のみならず、地域社会、国際社会において自分たちができることは何かを考えており、多様かつ幅広い利害関係者との連携を図っている。つまり、地元の自治体、同業者、関連機関、学協会だけではなく、環境省、経済産業省などの主要省庁、自治体への情報発信と政策提言、国際協力事業への参画、原料メーカーや製造業との連携、企業PR、産学官連携と社会貢献活動などに積極的に参画していることが印象的である。

B社の在日３世は、幼い頃、地元にある孤児院の院長先生と話す機会

155　筆者撮影（愛媛県松山市）

が多く、同じ歳頃の子ども達が親に捨てられたことをかなり気にしていたという。おそらく、彼はすでにお父さんが事業を軌道に乗せており、裕福な生活をしていたと推察されるが、在日ということで円満な学校生活を送れなかったかも知れない。高校生の時は暴走族のリーダーになるなど、反抗的な態度をとっていたが、彼の夢は、貧しい国の孤児にお仕事を与えて自立させることである。すでに彼の夢は動き出しており、ミャンマーに、自動車整備工場とリサイクル工場を建設し、孤児達の職業教育を始めようとしている。彼らが日本式の教育と訓練を受ければ、やがて日本の人手不足を補う人材に成長する可能性だってある。ミャンマーは出生率と人口増加率が非常に高いが、貧しい故に親が自分の子ども達を捨てるケースが多く、捨てられた子ども達はお寺で育てられるという。これらの孤児達はまともに教育を受けることもできず、大人になっても職に就くことが困難である。彼は、自分の会社で働いていた現地人を育て、関連省庁、自治体、お寺（孤児院)、機械設備会社、自社の現地法人などと連携し、静脈産業の新しい価値を創造しようとしている。今まで、静脈産業の海外進出は、日本から海外に中古部品や中古車、廃棄物資源を販売するようなビジネスの競争だったが、国際協力、社会貢献（産業と雇用創出)、人材育成、自動車事故防止、環境汚染削減などを含めた国際共創の道を示せる可能性も秘めている。

一方、C社も同じような方向性を示している。静脈産業では目先の利益を追っかけることが多く、人材育成のような中長期的な投資をすることは難しいと言われていた。しかし、この会社は、独自の奨学金制度を創設し、廃棄物リサイクルを勉強しようとしている留学生を支援している。初年度は韓国から２名の留学生を受け入れ、次年度にはモンゴル国、現在はベトナムの留学生を支援している。これらの奨学金制度も学会、大学、自治体、現地法人、国際協力機関との連携によるものであり、開発途上国における静脈産業の基盤づくりと新しい産業と雇用を創出できる。

世界各国で災害が発生すれば、その復興の第一歩は災害廃棄物処理であり、各利害関係者との連携は非常に重要である。日本の静脈産業の経験は、様々なステークホルダーと協働して共に新たな価値を創造するための糧であることは明白である。国内外における在日廃棄物リサイクル会社の様々な活動は、日韓を超えて世界各国との連携と新しい共創につながるだろう。

エピローグ
持続可能な社会を目指して

世界各国から年間約8,400万人の観光客が訪れる世界一の観光大国フランスは、世界遺産や美術館だけではなく、歴史的な建造物と綺麗な街並みが有名である。しかし、この美しい国フランスも生活ゴミや排泄物を窓から捨てることが一般的だったという。実際、フランスのマルセイユ（Marseille）やソミュール（Saumur）などの都市では、1950年頃までもこのような処理が行われた。当然のことながら、フランスの都市環境は様々な伝染病が流行るようになり、1350年代にはヨーロッパ全域で数百万人の死亡者が出たのである。パリ市は12世紀から19世紀まで生活ゴミと汚物処理に悩まされ、1395年にはゴミの不法投棄者を極刑に処した[156]。このように静脈産業は、どの時代、どの国や地域においても必ず必要な存在であった。しかし、長い間、静脈産業にマイノリティ、低ステータス、下層階級、貧困層などのネガティブなメージがあったことも否めない。1900年代初頭から渡日して日本の静脈産業に深く関わってきた在日は、日本の静脈産業の成長の証であり、廃棄物リサイクル業界の発展に中心的な役割を果たしてきたと言える。

日本はもちろん、韓国も高度経済成長や人口増加の時代が終わり、廃棄物資源の発生増加は見込めない。結局、リサイクルビジネスの国際化も視野に入れつつ、国内で発生した廃棄物の資源価値をいかに高めるかが重要であり、回収・運搬・解体・破砕・選別・加工・再資源化・環境汚染防止・最終処分プロセスの効率を向上させる必要がある。つまり、

156　カトリーヌ・ド・シルキ（1999）『人間とごみ』、ルソー麻衣子訳、新評論、pp.20-21.

膨大なデータ分析と多様な利害関係者との連携をベースに国内外における資源循環システムとネットワーク構築が求められている。

最近、コロナウィルス問題で全世界が騒がれており、感染者や死亡者が増えることにつれて、世界の経済が大きく萎縮するとともに、社会全体に恐怖感が広がっている。我々は予測不可能な不確実性と多様なリスクが日々増えていく時代に生きている。気候変動のような自然災害リスク、リーマンショックのような経済リスク、日韓関係悪化のような政治リスクだけではなく、中国の廃棄物資源輸入禁止や廃プラの海洋汚染のような社会・経済・環境・国際関係の問題が複雑に絡んでいるリスクに備えて、リスクマネジメントをしなければならない。そして、今後はコロナウィルスのような不確実性を回避する方法も講じていくことが求められる。

つまり、これから持続可能な社会を構築するために静脈産業に期待されることは、増え続ける多様なリスクと不確実性に向き合いながら、廃棄物の適正処理と廃棄物資源のリサイクル効率を向上させることである。最近、日本では、持続可能な開発目標を意味するSDGs（Sustainable Development Goals）を達成するための活動が盛んである。この概念は2015年９月の国連サミットで採択され、2016年から2030年までに達成すべき17の目標が含まれている。日本の各省庁と自治体、民間企業、大学などは基本政策や経営方針にSDGsの理念を重視し、この目標達成を積極的に推進することを表明している。一方、この17の目標には、廃棄物処理とリサイクルに関する項目が非常に多いことがわかる。

まず、ゴール12「つくる責任・つかう責任」、ゴール９「産業と技術革新の基盤をつくろう」が挙げられる。廃棄物の減量やリサイクルの推進のためには、各個人だけではなく企業の努力が必要であり、環境汚染と資源枯渇に対する責任意識が重要である。また廃棄物の適正処理、環境汚染防止のための社会基盤施設として、廃棄物リサイクル施設を構築することが重要である。

国家間廃棄物移動に関しては、ゴール10「人と国の不平等をなくそう」が該当する。先進国から発生した有害物質や廃棄物を開発途上国に押しつけるような国際資源循環を根絶することが重要であり、ゴール８「働きがいも経済成長も」を達成するためには、持続可能な経済成長と雇用創出が必要である。開発途上国の静脈産業に従事している労働者は、主に貧困層が多く、彼らに適正な処遇と安全な職場環境、持続可能な経済成長を支援しなければならない。これらはゴール１「貧困をなくそう」、ゴール３「すべての人に健康と福祉を」、ゴール11「住み続けられるまちづくり」を推進する基本戦略になり得る。

廃プラスチックの海洋汚染に関しては、ゴール14「海の豊かさを守ろう」と直接的な関係があるが、海の汚染は河川の汚染が主な原因であるため、上流の環境管理は、ゴール６「安全な水とトイレを世界中に」と直結する。

ゴール２「飢餓をゼロに」はバイオプラスチック開発と食糧問題の均衡、持続可能な農業を営むための良質のコンポスト生産と供給が主な課題である。ゴール７「エネルギーをみんなに、そしてクリーンに」に関しては、廃棄物焼却とエネルギー回収をどのように評価すべきか、そしてゴール15「陸の豊かさも守ろう」はバイオマス発電との関係を考慮しなければならない。

ゴール13「気候変動の具体的な対策を」は、気候変動による災害頻発、災害廃棄物の発生とその適正処理の問題が直接に影響を及ぼす。

最後に、ゴール17「パートナーシップで目標を達成しよう」は、すべての目標達成のための各利害関係者との連携強化が目的である。このように静脈産業はほとんどの目標達成に、直・間接的に重要な役割を果たしている。

廃棄物処理とリサイクルは単に環境問題を解決するといった側面だけではなく、社会、経済、政治、外交、文化など多様な分野と密接な関係がある。大手企業と中小企業、動脈産業と静脈産業が利害関係や格差をなくし、同じスタート時点から同じ目標に向けて企業経営と社会貢献活動を推進できるという点で、SDGs概念がこれからも静脈産業に大きい変革をもたらすかも知れない。

在日廃棄物リサイクル業者は、積極的に海外進出を推進する企業、産学官連携による研究開発を推進する企業、環境教育やスポーツ活動支援などの社会貢献活動を展開する企業、自動車整備・修理・販売・リースやレンタル業・貿易と流通業・地域特産品販売・コンサルなどの異業種に進出する企業など、静脈産業のイメージ刷新と経営の多角化を試みており、関係省庁や自治体の政策提言や委員会活動に参画し、廃棄物行政に積極的に声を出している経営者もいる。在日３世が目先の利益創出よりも、より長期的、かつ持続的な発展に投資しているところに注目する必要がある。在日３世の経営者は、誰よりも日本の社会、経済システムを熟知しており、無駄な競争や対立を避け、日本だけではなく、地球環境問題の解決のための持続可能性・共生と多様性の重要性を考えるようになったのである。在日１世や２世が克服しなければならなかった様々な社会課題はSDGsにも含まれており、今になっては日韓の静脈産業は、SDGsという地球の共通目標達成のために一緒に動き出している。

日本と韓国の鉄の古代交流史を研究している李寧熙教授によれば、新羅同様に、製鉄・鍛冶でならした国である、濊国は２世紀に滅びたが、その残存勢力が海を渡り、岩手県の釜石に辿り着いて製鉄技術を伝えたという[157]。古代韓国語で「ガマ」は、〈黒い釜〉を意味し、「ウッシ」は、〈上質の鉄〉を意味するので、釜石という地名は、古代韓国語から由来したことが推測できる。釜石湾に流入する甲子（かっし）川では餅鉄が取れたが、〈ガッシ〉は製鉄を意味するため、製鉄技術が日本に伝わったことが岩手県の地名に現れている。２世紀に朝鮮半島から日本へ製鉄技術が伝わり、20世紀初めから渡日した在日が鉄スクラップのリサイクルに携わってきたことに不思議な縁を感じる。

日本の静脈産業に大きい足跡を残してきた在日は、日本にとっても韓国にとっても日韓関係の歴史において貴重な証人であり、互いの善し悪しを語り合える存在である。日本の静脈産業における在日の歴史と共生過程、そして彼らが常に持続可能な発展のために努力し続けてきた姿を忘れず、これからも日韓両国が大切な隣人として永続に歩んでいくことを期待したい。

〈謝辞〉

本書は「公益財団法人韓昌祐・哲文化財団」の研究・出版助成を受けて執筆したものです。１年半に渡る研究調査とインタビュー、そして半年間の原稿執筆に多大なご支援をいただきましたこと、この場を借りて深く御礼申し上げます。また、ご多忙の中、インタビューに貴重な時間を割いていただき、貴重なお話を聞かせていただいた在日廃棄物リサイクル業者の皆様にも感謝いたします。最後に、原稿執筆と出版に関してご助言を頂きました、事務局のプログラムオフィサー並びに韓昌祐理事長に御礼申し上げます。

157　李寧熙(2006)“鉄と虎……日本の「宝島」岩手・釜石を行く”、NIPPON STEEL MONTHLY 11月号、pp.17-19.

プロフィール

劉 庭秀(ユ・ジョンス)

1967年　韓国ソウル市生
1993年　来日
1994年　筑波大学大学院社会工学研究科博士課程入学
1999年　同研究科博士課程修了 博士(都市・地域計画)
2000年　東北大学大学院国際文化研究科 助教授
現在、同研究科国際環境資源政策論講座 教授
2019年から同研究科 副研究科長(研究担当)
専門分野は環境政策学、資源循環型環境システム
一般廃棄物の適正処理とエネルギー回収、容器包装リサイクル、自動車リサイクル、小型家電リサイクル、災害廃棄物処理と再資源化、廃プラスチック問題、国際資源循環、環境(SDGs)教育など、幅広い研究・教育・社会貢献活動を行っている。
主な著作は、『쓰레기로 보는 세상(삼성경제연구소)』、『Automotive Recycling (JARA:共著)』、『Environmental Impacts of Road Vehicles (Royal Society of Chemistry:共著)』、「日本における小型家電リサイクル政策の現状と課題―自治体および認定事業者の実態調査分析を中心に―(Macro Review:共著)」、『한 평생의 지식(민음사:共著)』などがある。

著者HP
https://www.yu-circular-eco-lab.com/

静脈産業と在日企業
資源循環の過去・現在・未来

2020年11月28日　第1版第1刷発行
著　　者　劉庭秀　©2020年
発 行 者　小番 伊佐夫
装　　丁　Salt Peanuts
組　　版　市川 九丸
印刷製本　中央精版印刷
発 行 所　株式会社 三一書房
〒101-0051 東京都千代田区神田神保町3-1-6
TEL: 03-6268-9714
振替: 00190-3-708251
Mail: info@31shobo.com
URL: https://31shobo.com/

ISBN978-4-380-20007-6 C0036
Printed in Japan
乱丁・落丁本はおとりかえいたします。
購入書店名を明記の上、三一書房までお送りください。